U0258252

钣金下料常用技术

霍长荣 韩志范 编著

第 2 版

机 械 工 业 出 版 社

本书针对农民工的需要而写，共分为六章，对钣金下料常用技术进行了较为详细的叙述。第一章对下料作图中经常遇到的几何作图法进行了介绍；第二章对机械制图相关知识进行了叙述，特别是对三视图的形成、三视图的投影规律、线段实长求法及点、线、面、体的投影以及机械制图简化标注画法等内容进行了介绍；第三章对看图下料相关知识，如平行线法下料、放射线法下料和三角形法下料等进行了介绍；第四章对划线标记和加工余量、咬缝加工余量及排料、剪切与弯曲加工等下料加工知识进行了介绍；第五章介绍了实际生产中经常遇到的型钢下料的相关知识；第六章介绍了计算机下料的相关知识。

本书可作为中、高职院校的参考教材，企业和社会培训班的培训教材，下岗转岗工人和农民工的自学用书，也可供其他从事机械加工工作的人员参考。

与本书配套的书籍还有《钣金下料100例》（书号：35448-2）

图书在版编目（CIP）数据

钣金下料常用技术/霍长荣，韩志范编著. —2版. —北京：机械工业出版社，2015.8（2024.8重印）
ISBN 978-7-111-51191-5

Ⅰ.①钣…　Ⅱ.①霍…　②韩…　Ⅲ.①钣金工-基本知识
Ⅳ.①TG936

中国版本图书馆CIP数据核字（2015）第195536号

机械工业出版社（北京市百万庄大街22号　邮政编码100037）
策划编辑：何月秋　责任编辑：何月秋
责任校对：张　薇　封面设计：马精明
责任印制：单爱军
北京虎彩文化传播有限公司印刷
2024年8月第2版第10次印刷
169mm×239mm·15印张·288千字
标准书号：ISBN 978-7-111-51191-5
定价：35.00元

第2版前言

随着"大众创业，万众创新"的深入人心和社会经济的快速发展，越来越多的职业院校学生、下岗转岗工人和农民工逐步认识到，学一项专业技术，掌握一项专业技能，不仅能适应当今社会的发展，也为创业奠定了基础。

大多数从事电焊、钣金等工作的职业院校学生、下岗转岗工人和农民工在实践中深刻体会到下料技术的重要性，特别是返乡创业的农民工更迫切需要这一技术。作者有多年从事农机教学的经验，根据这一读者群理解和掌握技术知识的能力，于2009年编写了这本书的第1版。

本书第1版出版以来，深受广大职业院校师生、下岗转岗工人、农民工的欢迎，先后重印3次，发行了上万册。为满足读者对知识更新的需求和钣金下料技术的进步，我们根据标准的更新和计算机技术的应用，编写了本书的第2版。

机械工业出版社出版的《钣金下料100例》（书号：ISBN978—7—111—35448—2）是本书的延续和扩展。本书所列例子和《钣金下料100例》所列例子不重复。《钣金下料100例》所用的相关知识源于本书，是本书知识的具体应用。

本书是一本专门叙述板材制品或构件展开放样的图书。在编写过程中，作者力图从学员的实际需要出发，从画三视图、求结合线、求实长入手，较详细地介绍了画下料图（展开图）的全部过程。第一、二章讲了一些必要的基础理论知识，第三、四、五章重点讲述了下料技术。第2版中增加了第六章，主要介绍了计算机钣金下料的相关知识。

编写过程中，在注重传授基础理论知识的同时，以应用为目的，以"必需、够用"为准绳，遵循"常用内容、突出重点、突破难点、强化应用、培养技能为主"的原则，力争做到深入浅出，好学易懂。本书尽量用农民工易接受的语言，每一问题分多步、多图地编写，便于看图下料。

本书也可供其他从事机械类工种的人员参考。

由于作者水平有限，加之时间仓促，书中难免出现疏漏、不妥之处，恳请各位读者不吝指正。

编　者

目　　录

第一章　常用几何作图法

第一节　线的几何画法

一、直线的画法

作小型构件展开图时，直线一般是用画针配合钢直尺画出的；作大型构件展开图时，所画直线较长，可用粉线弹出。

注意：用画针时应注意使其同平面和钢直尺之间的角度成 50°～70°；用粉线时要注意垂直弹出。

二、线段垂直平分线的画法

已知线段 AB，作线段 AB 的垂直平分线（见图1-1）。

⚘ 作图步骤：

（1）以 A 为圆心，以 R 为半径画弧（选择半径 R 时，必须使其大于线段 AB 的一半，即 $R > \frac{1}{2}AB$，见图1-1b）。

（2）以 B 为圆心，以 R 为半径画另一圆弧，两弧相交于 C、D 两点（见图1－1c）。

（3）用直线连接 C、D，则直线 CD 即 AB 的垂直平分线（见图1-1d）。

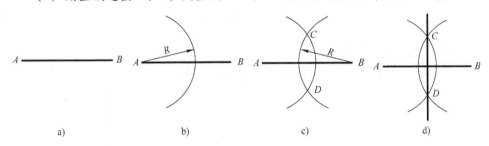

a)　　　　　　b)　　　　　　c)　　　　　　d)

图1-1　线段垂直平分线的画法

三、由直线上的定点作这条直线的垂线

已知直线 AB 及线上定点 C，试经过点 C 作 AB 线的垂线（见图1-2）。

⚘ 作图步骤：

（1）以 C 为圆心，以任意长度为半径画弧，交 AB 于 1、2 两点（见图1-2b）。

（2）分别以 1、2 两点为圆心，以适当长度 R 为半径画圆弧，相交于点 D

（R 必须大于 1C 或 2C，见图 1-2c）。

（3）连接 C、D，则 CD 就是 AB 的垂线（见图 1-2d）。

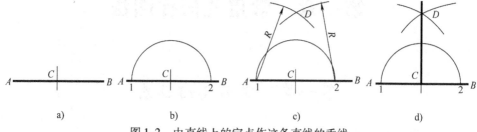

图 1-2 由直线上的定点作这条直线的垂线

四、用半圆法作垂线

作图步骤：

（1）任意画一条直线段 AB（见图 1-3a）。

（2）在线段 AB 上任取一点 C，以 C 为圆心，以适宜长度为半径画弧，分别交线段 AB 于点 1、2（见图 1-3b）。

（3）在半圆上任意取一点 3，把 1、3 和 2、3 分别用直线连接，则 13 和 23 这两条直线互相垂直（见图 1-3c）。

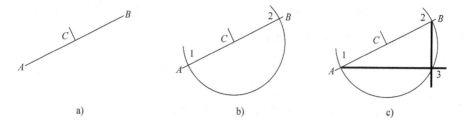

图 1-3 用半圆法作垂线

五、过线段端点作垂线

已知线段 AB，过点 A 作 AB 的垂线（见图 1-4）。

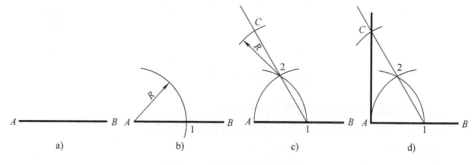

图 1-4 过线段端点作垂线

作图步骤：

（1）以点 A 为圆心，以任意长度 R 为半径画弧，交 AB 于点 1（见图 1-4b）。

（2）以点 1 为圆心，以 R 为半径画弧，交前弧于点 2；连接 1、2 并延长（见图 1-4c）。

（3）以点 2 为圆心，以 R 为半径画弧，交 12 延长线于 C 点（见图 1-4c）。

（4）连接 A、C。则 AC 就是过 A 点所作的线段 AB 的垂线（见图 1-4d）。

说明：过线段端点作垂线，有的书中也将这一画法称为三规垂线法。即用圆规或画规画三个圆弧，而且三个圆弧的半径是相等的，通过这三个圆弧确定出图 1-4d 所示的 C 点。

六、直角线的画法

用直尺作直角线，在放大样和现场下料时比较方便。

作图步骤（见图 1-5a）：

（1）在水平线 AE 上任作一倾斜直线（但应是锐角）AB（长为 1600mm）。

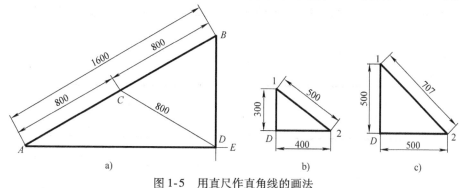

图 1-5　用直尺作直角线的画法

（2）在 AB 上取中点 C，将尺的 0 点对准 C 点，并以中点 C 为圆心，以 CB 为半径转动直尺，与参照线 AE 相交于点 D；用画针或笔画线连接 C、D 两点，使得线段 CD 的长等于 800mm。

（3）用直线连接 B、D 即得出所求直角线。作完的直角是否精确，需要检查才能证明。检查方法如下：

第一种方法：在原图（见图 1-5a）上进行，如图 1-5b 所示。在三角形的 BD 边上以 D 点为起点，量取 300mm 确定一点 1；再在三角形的 AD 边上以 D 点为起点，量取 400mm 确定一点 2；画线连接 1、2 两点，则 1、2 两点之间连线的长度必须是 500mm，否则就不精确。

第二种方法：如图 1-5c 所示。在原图（见图 1-5a）上，以 D 点为起点，分别在 BD 边和 AD 边上量取 500mm 确定 1、2 两点；画线连接 1、2 两点，则 1、2 两点之间连线的长度必须是 707mm，否则就不精确。

在使用钢板之前就要用上述方法校验一下钢板的角度是不是直角，如图 1-6

所示。利用钢板直角下料，可以节省工料。

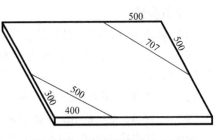

图1-6　钢板直角的检查方法

七、平行线的画法

已知线段 AB，定距离 h。试作一条与 AB 距离为 h 的平行线。

▲ **作图步骤**（见图1-7）：

（1）以 AB 上任意两点 1、2 为圆心，以 h 为半径分别画两弧。

（2）作两圆弧公切线 CD，则 $CD /\!/ AB$。

图1-7d 所示为用直尺和画针作定距离平行线的画法。方法是在 AB 线段上取两点，用尺分别以这两点为起点，向上量取两点，这两点到原两起点的距离都是 h_1；连接这两点，则画出一条与 AB 平行的直线。同理，以新画线为基线，以 h_2 为距离确定两点，可画出 AB 的另一条平行线。

注意：两起点和两新确定的点的连线必须垂直于原基线（即垂直于 AB 线）。

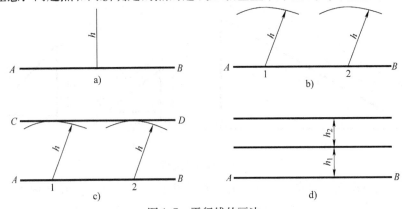

图1-7　平行线的画法

八、等分线段的画法

已知线段 AB，将线段 AB 七等分（见图1-8）。

▲ **作图步骤：**

（1）由点 A 引一任意长度斜线 AC（使 $\angle BAC$ 成锐角为宜）（见图1-8b）。

（2）以适当长度为半径，在 AC 上依次截取 7 等份，即得等分点 $1'$、$2'$、$3'$、$4'$、$5'$、$6'$、$7'$，连接 B、$7'$（见图1-8c）。

（3）过 $6'$、$5'$、$4'$、$3'$、$2'$、$1'$ 各点作 B、$7'$ 的平行线，交 AB 于 6、5、4、3、2、1 点，则线段 AB 被七等分（见图1-8d）。

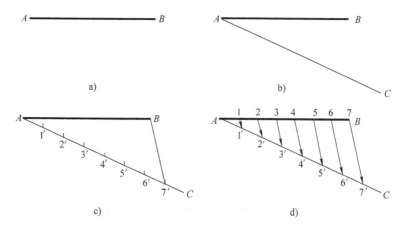

图 1-8 线段七等分法

第二节 角的作法及角的等分

一、30°角的作法

A 作图步骤:

(1) 在一条直线上确定一点 O,以 O 为圆心,以适当长度为半径画弧,交直线于 B、C 两点(见图 1-9a)。

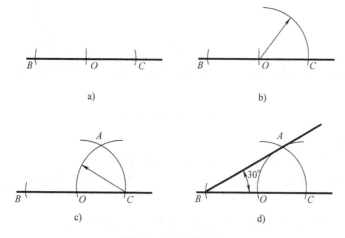

图 1-9 30°角的作法

(2) 以 O 为圆心,以 OC 为半径画弧(见图 1-9b)。

(3) 以 C 为圆心,以 OC 为半径画弧,与另一弧交于点 A(见图 1-9c)。

(4) 连接 B、A 并延长,则 $\angle ABC$ 即所求的 30°角。

二、60°角的作法

Λ 作图步骤（见图1-10）：

（1）在直线上任取两点 B、C（见图1-10a）。

（2）分别以 B、C 为圆心，以 BC 为半径画弧，两弧交于点 A（见图1-10b）。

（3）连接 B、A 并延长，则∠ABC 即所求的60°角（见图1-10c）。

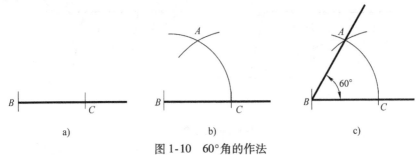

图1-10 60°角的作法

三、任意角的作法

根据圆周角 $\beta = 360°$，圆周长 $s = 2\pi R$，如果以半径 $R = \dfrac{360}{2\pi}\text{mm} = 57.3\text{mm}$ 作圆，则在所画的圆弧线上，以每隔1mm的交点与圆心 A 连线，其所得各点连线的角度即为1°。即在57.3mm为半径所画的圆弧上，每量取1mm的弧长，所对的圆心角为1°。用此方法可作出任意角度。

试作53°角（见图1-11）。

图1-11 任意角的作法

Λ 作图步骤：

（1）首先在水平线上取任一点 O（见图1-11a）。

（2）以 O 为圆心，以57.3 mm为半径画圆弧，与水平线交于点 B（见图1-11b）。

（3）由点 B 开始量取弧长53mm，得点 A（见图1-11c）。

（4）用直线连接 A、O，则∠AOB 即53°（见图1-11c）。

四、作一角等于已知角

已知角∠ABC，试作一角等于已知角（见图1-12）。

Λ 作图步骤：

（1）以点 B 为圆心，以适当长度 R 为半径画弧，交两边于 1、2 点（见图 1-12a）。

（2）另画一直线 $B'C'$，以 B' 为圆心，以 R 为半径画弧，交 $B'C'$ 于点 $1'$（见图 1-12b）。

（3）以点 $1'$ 为圆心，以已知角上 12 弦长为半径画圆弧，交前弧于点 $2'$（见图 1-12c）。

（4）过点 $2'$ 连接 A'、B'，则 $\angle A'B'C'$ 即所求角。

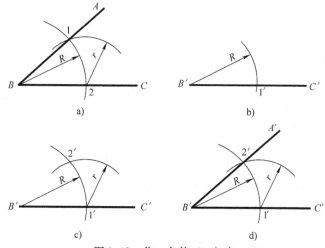

图 1-12　作一角等于已知角

五、任意角二等分法

将锐角 $\angle ABC$ 二等分（见图 1-13a）。

作图步骤：

（1）以 B 为圆心，以适当长度 R_1 为半径画弧，与角的两边相交于 1、2 两点（见图 1-13b）。

（2）分别以 1、2 两点为圆心，以适当长度 R 为半径画弧，两弧相交于 D 点（见图 1-13c）。注意：R 必须大于以 R_1 为半径所画弧的弦长 12 的一半。

（3）用直线连接 B、D 两点，即完成 $\angle ABC$ 二等分（见图 1-13d）。

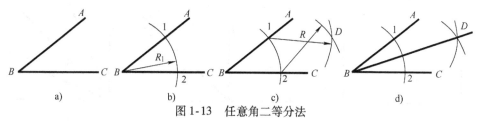

图 1-13　任意角二等分法

六、直角三等分法

将直角∠ABC分为3等份（见图1-14a）。

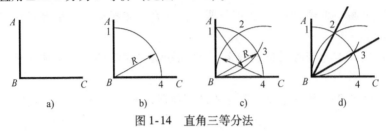

图1-14　直角三等分法

⚲ **作图步骤：**

（1）以B为圆心，以适当长度R为半径画弧，交直角两边于1、4点（见图1-14b）。

（2）分别以1、4两点为圆心，以R为半径画弧，交于2、3两点（见图1-14c）。

（3）连接B、2和B、3，即完成直角∠ABC的三等分（见图1-14d）。

七、直角四等分法

将一直角分成4等份的方法，就是先将直角二等分，然后再分别将其分为2等份，这样就可以把一直角分成4等份了。

⚲ **作图步骤**（见图1-15）：

（1）先画一直角∠ABC（见图1-15a）。

（2）以B为圆心，以适当长度R为半径画弧，分别交两直角边于1、5两点（见图1-15b）。

（3）分别以1、5点为圆心，以适当长度为半径画弧，两弧相交于点3处；用直线连接B、3两点，即将直角∠ABC进行了二等分（见图1-15c）。

（4）再分别以1、6点为圆心，以适当长度为半径画弧，交于点2，用直线连接B、2，即把∠AB3进行了二等分；同理，用直线连接B、4点，也把∠3BC进行了二等分（见图1-15d）。

这样就完成了直角四等分。

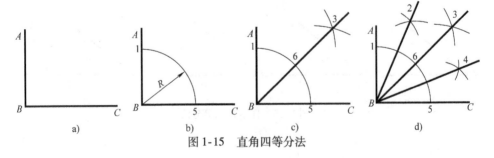

图1-15　直角四等分法

八、无顶角的二等分法

⚑ 作图步骤:

(1) 作无顶角二边线（见图1-16a）。

(2) 分别作无顶角二边线的平行线，得∠*ABC*（见图1-16b）。

(3) 作∠*ABC* 的平分线，即把无顶角二边线二等分（见图1-16c）。

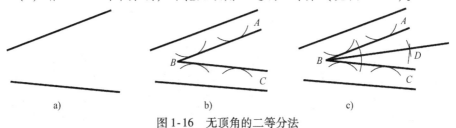

图1-16　无顶角的二等分法

第三节　圆及圆弧的等分法

一、圆的四、八等分法

⚑ 作图步骤:

(1) 作圆的两条互相垂直的中心线交于点 *O*（见图1-17a）。

(2) 以 *O* 为圆心，用已知圆的半径画圆，交两中心线于1、3、5、7点，这样就将圆分成了4等份（见图1-17b）。

(3) 再对各直角进行二等分，即能将圆周八等分。方法如下：分别以点5、7为圆心，以适宜长度为半径画弧，两弧相交于一点，将两弧交点与圆心 *O* 用直线连接，并延长到点2，这样就把两个直角进行了二等分；同理，将另两直角进行二等分，即可将圆周八等分（见图1-17c、d）。

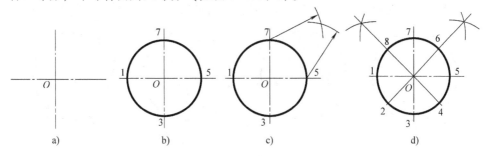

图1-17　圆的四、八等分法

二、圆的三、六、十二等分法

⚑ 作图步骤（见图1-18）:

(1) 过圆心 *O* 作互相垂直的两条对称中心线1—7与4—10（见图1-18a）。

（2）以点7为圆心，以圆的半径为半径画弧，交圆周于5、9两点。则1、5、9把圆周三等分（见图1-18b）。

（3）以点1为圆心，以圆的半径为半径画弧，交圆周于3、11两点。则1、3、5、7、9、11点把圆周分成6等份（见图1-18c）。

（4）以点4、10为圆心，以圆的半径为半径画弧，交圆周于2、6、8、12点。则点1、2、3、4、…、12把圆周分成12等份（见图1-18d）。

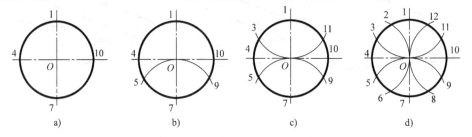

图1-18 圆的三、六、十二等分法

三、圆的五等分及圆内接五边形作法

⚒ **作图步骤**（见图1-19）：

（1）画一互相垂直的中心线并作圆，确定圆心为 O（见图1-19a）。

（2）找 OC 的中点 A，也就是作 OC 的垂直平分线来确定点 A。以点 C 为圆心，以 CO 为半径画弧和圆交于两点，用直线连接两交点，则该直线与 OC 的交点 A 即 OC 的中点（见图1-19b）。

（3）以 A 为圆心，以 $A1$ 为半径画弧，交 OD 于 B 点（见图1-19b）。

（4）以 $1B$ 为半径，用画规或圆规在圆上分别画弧取1、2、3、4、5点，即完成圆的五等分（见图1-19c）。

（5）分别连接12、23、34、45、51，即完成圆内接五边形（见图1-19d）。

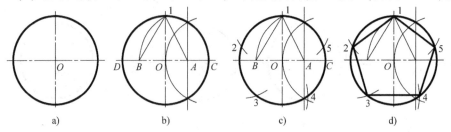

图1-19 圆的五等分及圆内接五边形作法

四、圆的任意等分法

将圆七等分，并作圆内接七边形（见图1-20）。

⚒ **作图步骤：**

（1）以 O 为圆心画圆（见图1-20a）。

（2）将水平直径七等分，得点 $2'$（见图1-20b）。

（3）以点1为圆心，以圆的直径为半径画圆弧交竖直中心线于 A 点（见图1-20c）。

（4）连接 A、$2'$ 并延长，交圆周于点2。则12即圆内接正七边形边长（见图1-20c）。

（5）以点1为圆心，以弦长12为半径在圆周上依次截取7等份，以直线连接各点，即圆内接七边形（见图1-20d）。

利用这一方法，可以将圆周任意等分。

五、已知边长 a 作正五边形

作图步骤：

（1）画 AB 等于边长 a（见图1-21a）。

（2）作 AB 的垂直平分线，垂直 AB 于 O 点（见图1-21b）。

（3）在 AB 的垂直平分线上取 $O1$ 等于 a，连接 A、1 并延长。取12等于 $\frac{a}{2}$（见图1-21b）。

（4）以 A 为圆心、$A2$ 为半径画弧交 AB 垂直平分线于 D 点（见图1-21c）。

（5）以 D 为圆心、a 为半径画弧，与以 A、B 为圆心 a 为半径的圆弧分别交于 C、E。以直线顺次连接各点，即完成边长为 a 的正五边形（见图1-21d）。

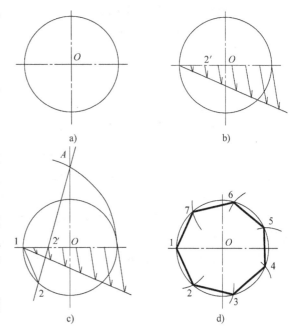

图1-20　圆的任意等分法

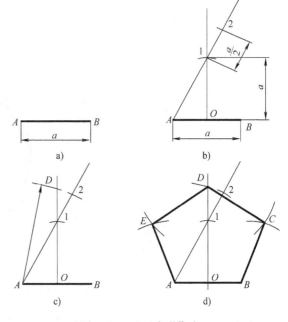

图1-21　正五边形作法

六、已知边长 *a* 作正多边形

这里仅以九边形为例来叙述作图过程。

作图步骤:

(1) 画 12 等于边长 *a*(见图 1-22a)。

(2) 以 1 为圆心、*a* 为半径画弧,交 12 中垂线于 O_6 点(见图 1-22b)。

(3) 将 12 平均分成 6 等份。以 O_6 为圆心,以 $\frac{a}{6}$ 为半径(也就是 12 线段中 6 等份的一份为半径)向下截取得 O_5;再依次向上取 O_7、O_8、O_9 各点,则 O_5、O_6、O_7、O_8、O_9 就是边长为 *a* 的正多边形外接圆圆心(见图 1-22b)。

(4) 以 O_9 为圆心,以 $O_9 1$ 为半径画圆(见图 1-22c)。

(5) 在圆上以 *a* 为半径,以 2 为起点,分别截取 3、4、5、6、7、8、9 各点(见图 1-22c)。

(6) 用直线依次连接各点,即完成边长为 *a* 的正九边形(见图 1-22d)。

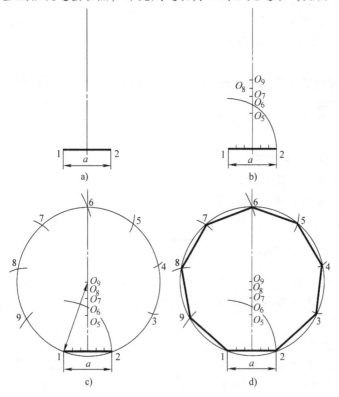

图 1-22　已知边长为 *a* 正多边形作法

说明:本图中为了画图明确,多边形外接圆圆心符号用所画多边形的边数作圆心符号角标,如 O_5、O_6、O_7、O_8、O_9,则符号角标是几,就表示该点是几边

形的圆心。

七、圆弧及等分圆弧的作法

（一）圆弧的作法

1. 已知半径 R 和两点 1、2 作一圆弧（见图 1-23a）

🖐 **作图步骤：**

（1）确定圆心。分别以 1、2 点为圆心，以 R 为半径画弧交于点 3（圆心）（见图 1-23b）。

（2）以点 3 为圆心，以 R 为半径画过 1、2 两点的圆弧，即得到所求圆弧（见图 1-23c）。

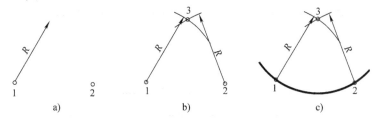

图 1-23　已知两点和半径作圆弧

2. 已知三点作一圆弧（见图 1-24）

🖐 **作图步骤：**

（1）已知三点 1、2、3（见图 1-24a）。

（2）分别以 1、2 点为圆心，以适宜长度为半径画弧交于 4、5 点；再分别以 2、3 点为圆心，以适宜长度为半径画弧交于 6、7 点（见图 1-24b）。

（3）分别连接 4、5 和 6、7 并延长，交于 O 点（见图 1-24c）。

（4）以 O 为圆心，以 $O1$ 为半径画弧，即完成所求圆弧（见图 1-24d）。

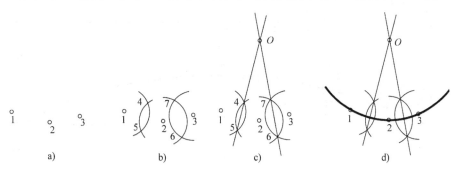

图 1-24　已知三点作圆弧

（二）特大圆弧的画法

特大圆弧有图解法和计算法两种画法。这里只介绍图解法。

已知弦长 a 及弧弦距 h, 试画特大圆弧 (见图 1-25)。

作图步骤:

(1) 画线段 AB 等于弦长 a, 作 AB 的垂直平分线 OC 等于弧弦距 h (见图 1-25a)。

(2) 连接 A、C, 作 CD 平行于 AB, AD 垂直于 AC, AE 垂直于 CD (见图 1-25b)。

(3) 四等分 AO、CD 和 AE, 得出各点; 连接 $11'$、$22'$、$33'$, 得与 AE 等分点 $1''$、$2''$、$3''$ 与 C 连线对应交点为 $Ⅰ$、$Ⅱ$、$Ⅲ$ (见图 1-25c)。

(4) 用平滑曲线连接 A、$Ⅲ$、$Ⅱ$、$Ⅰ$、C 各点, 即把左侧圆弧曲线画出; 用同样办法将右侧对称曲线画出, 即完成特大圆弧 (见图 1-25d)。

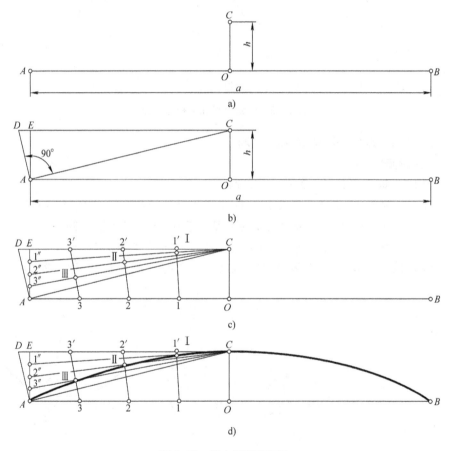

图 1-25 特大圆弧的画法

八、桥式天车腹板曲线画法

桥式天车腹板曲线为抛物线, 画法有图解法和计算法两种。这里只介绍图解法。

根据已知跨度 l 及挠度 H 画抛物线。

△ 作图步骤：

（1）画 $AB = l$，作 AB 的垂直平分线 $OC = H$（见图 1-26a）。

（2）以 O 为圆心，以 OC 为半径画 $\frac{1}{4}$ 圆周；将 $\frac{1}{4}$ 圆周和 $O4$ 分别进行四等分，连接 $11'$、$22'$、$33'$，并分别以 h_1、h_2、h_3 表示其长度（见图 1-26b）。

（3）四等分 AO，由等分点引上垂线，取各线长分别等于 h_1、h_2、h_3，得出 Ⅰ、Ⅱ、Ⅲ 点，过三点连成光滑曲线；再对称画出右侧曲线即得所求近似抛物线（见图 1-26c）。

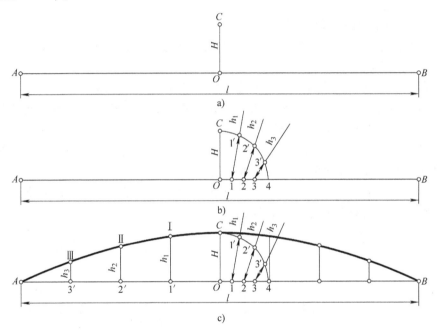

图 1-26　桥式天车腹板曲线画法

第四节　圆弧的连接和圆弧的伸直

一、用已知半径圆弧连接直角两边

已知直角 $\angle ABC$ 及连接圆弧的半径 R，试作此直角二边的连接弧（见图 1-27）。

△ 作图步骤：

（1）作直角 $\angle ABC$（见图 1-27a）。

（2）以 B 为圆心，以 R 为半径画圆弧，交直角两边于 1、2 点（见图 1-27b）。

（3）分别以1、2点为圆心，以R为半径画弧，两弧相交于O点（见图1-27c）。

（4）以O为圆心，以R为半径画圆弧交于1、2点，则1、2间圆弧就是所求的圆弧（见图1-27d）。

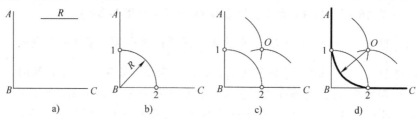

图1-27　用圆弧连接直角两边

二、用圆弧连接两已知直线

已知两直线及连接圆弧的半径R，试作圆弧连接两直线（见图1-28）。

A 作图步骤：

（1）画任意两直线EF、MN及连接弧半径R（见图1-28a）。

（2）找连接弧圆心。分别作EF、MN的平行线，平行线之间距离为R，两平行线交于一点O（见图1-28b）。

（3）找切点。过O点分别作EF、MN的垂线，垂足为A、B两点，A、B两点就是圆弧连接两直线的切点（见图1-28c）。

（4）画连接弧。以O为圆心，以R为半径画弧分别交于A、B两点，即完成圆弧连接两已知直线（见图1-28d）。

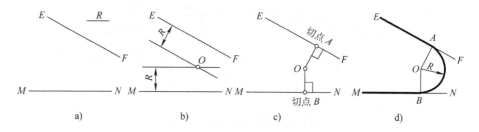

图1-28　用圆弧连接两已知直线

三、用圆弧外连接两已知圆弧

已知两圆O_1、O_2，两圆半径分别为R_1、R_2，连接弧半径为R（见图1-29a）。

A 作图步骤：

（1）找连接弧圆心。分别以O_1、O_2为圆心，以$R+R_1$和$R+R_2$为半径画弧，两弧相交于一点O（见图1-29b）。

（2）找切点。连接O、O_1和O、O_2，则切点必在O、O_1和O、O_2的连线上，即A、B两点为切点（见图1-29c）。

（3）以 O 为圆心，以 R 为半径画弧 AB，则弧 AB 就是所求（见图 1-29d）。

四、用圆弧内连接两已知圆弧

已知两圆 O_1、O_2，两圆半径分别为 R_1、R_2，连接弧半径为 R，试作圆弧内连接两已知圆弧（见图 1-30a）。

作图步骤：

（1）找连接弧圆心。分别以 O_1、O_2 为圆心，以 $R-R_1$ 和 $R-R_2$ 为半径画弧交于 O 点（见图 1-30b）。

（2）找切点。分别连接 O、O_1 并延长到 A 点，则 OA 即连接弧半径，A 点为切点；同理，B 点也为切点（见图 1-30c）。

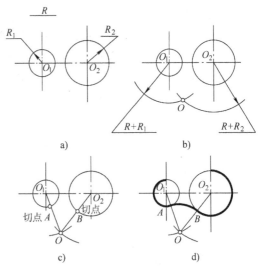

图 1-29　用圆弧外连接两已知圆弧

（3）以 O 为圆心，以 OA 为半径画弧交于 A、B 两点，则 A、B 两点之间连接弧即为所求（见图 1-30d）。

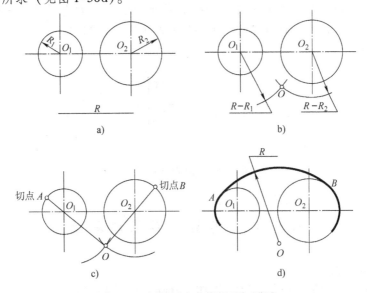

图 1-30　用圆弧内连接两已知圆弧

五、圆周和圆弧的伸直

1. 圆周伸直的画法　把半径为 R 的圆周伸直（见图 1-31）。

⚑ **作图步骤:**

(1) 作已知圆的两条相互垂直的直径15和46;以点1为圆心,以 R 为半径画弧交圆周于点2;连接 O、2并延长,交过点4的圆的切线于点3(见图1-31a)。

(2) 在34的延长线上,截取37等于 $3R$;再连接6、7,则67的长就是圆周展开长度的一半(见图1-31b)。

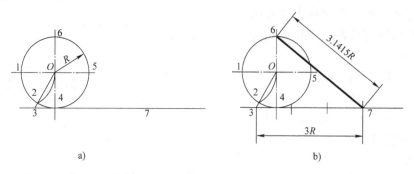

图1-31　圆周伸直的画法

2. 圆弧伸直的画法　半径为 R,圆心角小于 $90°$ 的圆弧的伸直画法。

⚑ **作图步骤:**

(1) 过弧线一端点 A 作半径 OA 的垂线 AE(见图1-32a)。

(2) 在 AO 的延长线上取点 D,使 AD 等于 $3R$;连接 D 与弧的另一端点 B 且延长交 AE 于点 C,则 AC 长就等于弧 AB 之长(见图1-32b)。

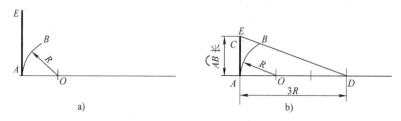

图1-32　圆弧伸直的画法

第五节　椭圆、蛋圆的画法

一、椭圆画法

已知长轴为 AB、短轴为 CD,试作一椭圆(见图1-33)。

⚑ **作图步骤:**

(1) 作两条互相垂直相交的对称轴线,相交于 O 点(见图1-33a)。

(2) 以 O 为圆心,分别以 OA、OC 为半径画两个同心圆;十二等分大圆周

（等分点越多越精确），由等分点向中心 O 连线，同时分小圆周为相同等份（见图 1-33b）。

（3）由大圆周等分点上下引垂线，与由小圆周等分点所引水平线对应交点为 2、3、4、…、12（见图 1-33c）。

（4）通过 1、2、3、…、12 各点连成光滑曲线，即为所求椭圆（见图 1-33d）。

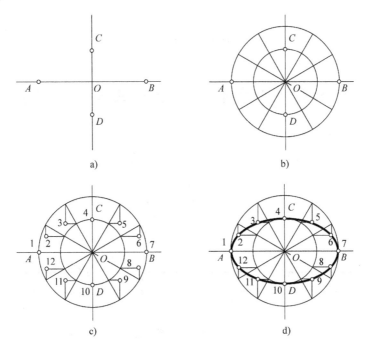

图 1-33 椭圆作法

二、蛋圆（卵形圆）画法

已知宽度作蛋圆（见图 1-34）。

作图步骤：

（1）以 O 为圆心，以宽度 AB 为直径画圆，与竖直中心线交于 C 点（见图 1-34a）。

（2）分别连接 AC、BC 并延长（见图 1-34b）。

（3）分别以 A、B 为圆心，以 AB 为半径画弧，交延长线于 1、2 两点（见图 1-34c）。

（4）以 C 为圆心，以 $C1$ 为半径画弧交 1、2 两点，即完成所求的蛋圆（见图 1-34d）。

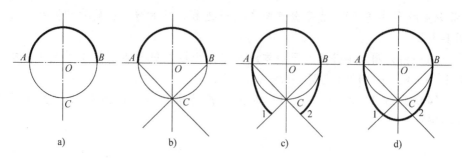

图 1-34 蛋圆画法

第六节 三角形、正方形及长方形作法

一、三角形的作法

已知三边长 a、b、c，作三角形（见图 1-35）。

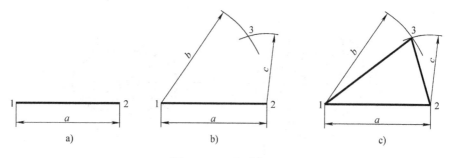

图 1-35 三角形作法

✎ 作图步骤：

（1）画线段 12 等于长度 a（见图 1-35a）。

（2）分别以 1、2 点为圆心，以 b、c 为半径画弧，两弧相交于点 3（见图 1-35b）。

（3）用直线连接点 1、3 和 2、3，即得出所求三角形（见图 1-35c）。

二、正方形的作法

已知正方形边长为 a，作一正方形。

✎ 作图步骤：

（1）画线段 12 等于已知长度 a（见图 1-36a）。

（2）分别以点 1、2 为圆心，以已知长度 a 为半径画弧，与以点 1、2 为圆心，以 b（$b = 1.4142a$）为半径所画的弧相交，得交点为 3、4（见图 1-36b）。

（3）分别用直线连接各点，即得出所求正方形（见图 1-36c）。

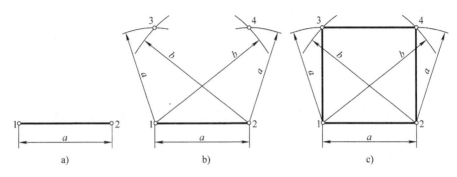

图 1-36　正方形作法

三、长方形的作法

已知两边宽度为 a，长度为 b，作一长方形。

分析：画长方形方法很多，这里只介绍对角线法。只要求出对角线长度，就可以用直尺和画规画长方形了。方法是以长边 b 的两端点为圆心，分别以宽度 a 和所求出的对角线长度为半径画弧得交点，顺次连接 b 的端点和交点，即完成作图。在这里，最关键的问题是求对角线。

作图步骤：

(1) 先画两条平行线 12 和 34，其距离等于已知宽度 a（见图 1-37a）。

(2) 连接 6、7 两点，然后以点 5 为圆心，以 $R = 6—7$ 为半径画弧交于点 9（见图 1-37b）。

(3) 找 8、9 两点的中点 10。方法是作线段 89 的垂直平分线（见图 1-37c）。

(4) 连接 5、10 两点，则 5—10 即所求长方形的对角线（见图 1-37d）。

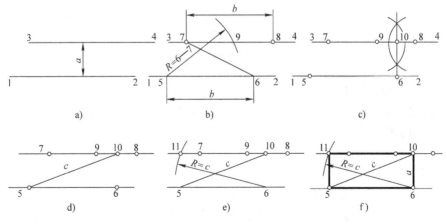

图 1-37　长方形作法

（5）以点 6 为圆心，以 $R=c$（c 即线段 5—10 的长度）为半径画弧交于点 11（见图 1-37e）。

（6）用直线顺次连接 5、6、10、11 各点，构成的长方形即为所求（见图1-37f）。

第七节　抛物线、渐开线、螺旋线的作法

一、抛物线的作法

已知宽度 a 和高度 b，作抛物线（见图 1-38）。

✍ 作图步骤：

（1）以 OO' 为对称线，以 a、b 为边画一图形（见图 1-38a）。

（2）将 OA、AD 等分为相同的若干部分（图中分为四部分），并由 OA 等分点分别向下引 AD 平行线与由 AD 等分点向 O 连线相交于 1′、2′、3′（见图 1-38b）。

（3）用光滑曲线连接 O、1′、2′、3′、D 各点；用同样的办法，将右侧曲线画出，即完成所求（见图 1-38c）。

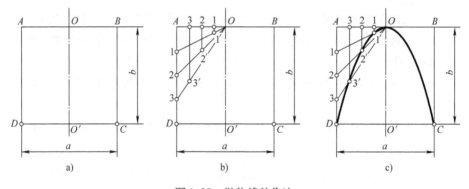

图 1-38　抛物线的作法

二、渐开线的作法

已知圆直径为 d，以 12 等份画渐开线（见图 1-39）。

✍ 作图步骤：

（1）将圆分成 12 等份（可分成若干等份，等份越多越精确），等分点分别为 1、2、3、…、12（见图 1-39a）。

（2）分别作各等分点的切线（切线必垂直于直径或半径）（见图 1-39b）。

（3）以点 1 为圆心，以 1—12 弧长为半径画圆弧与过点 1 的切线交于 1′；以 2 为圆心，以弧长 2—12 为半径画弧与过点 2 的切线交于 2′；用同样方法顺次

求出点 3′、4′、…、12′。平滑连接所得各点，即得所求渐开线（见图1-39c）。

说明：用弧长作半径不太方便，可通过下述办法求半径。可将圆周长打开成一条直线，然后将这一直线平均分成 12 等份（圆分成几份，在这里就分成几份），这样就可以得到连接弧半径，如图 1-39b 所示。

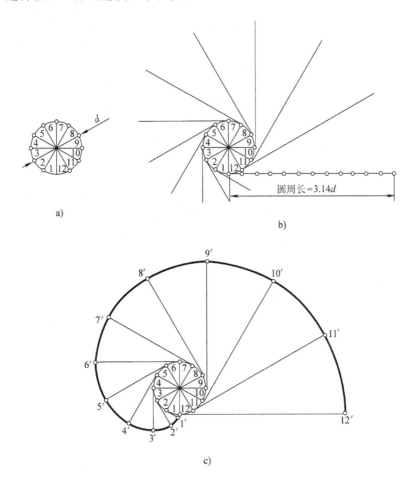

图 1-39　渐开线的作法

三、螺旋线的作法

作图步骤：

（1）将圆柱水平投影圆周和圆柱导程 s 分别作十二等分（见图 1-40a）。

（2）由过圆柱导程的等分点的水平线和由过水平投影等分点向上所引的上垂线相交，形成相应的对应交点（见图 1-40b）。

（3）在圆柱内的对应交点连成曲线，即得出所求的螺旋线（见图1-40c）。

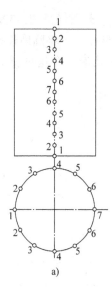 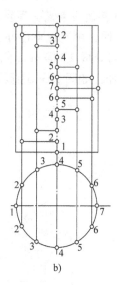 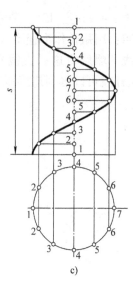

a)　　　　　　　　b)　　　　　　　　c)

图1-40　螺旋线的作法

第二章 机械制图相关知识

第一节 三视图的形成

我们可以将物体放到一个假想的空间里面，这个空间是由三个面组成的（见图2-1a），三个面互相垂直。

用假想的一束平行光线从不同的方向照射物体，会在这一空间三个面上形成影子。在机械制图上把这一影子叫做投影，形成影子的面叫做投影面。用垂直于投影面的平行光线照射物体所形成的影子，叫做正投影（见图2-1a）。

为了研究问题方便，我们将三个投影面分别命名：把正对着我们的投影面叫做 V 面，也叫做正面；把右侧投影面叫做 W 面，也叫做侧面；把下面的面叫做 H 面，也叫做水平面。把三个投影面组合在一起的棱线分别命名：V 面和 H 面组合在一起的棱线叫做 X 轴；H 面和 W 面组合在一起的棱线叫做 Y 轴；V 面和 W 面组合在一起的棱线叫做 Z 轴（见图2-1a）。

用光直上直下照射或用眼睛从上往下看，在 H 面会有个影子，这个影子叫做水平投影；正对着 V 面照射或用眼睛从前向后看，在 V 面上形成的影子叫做正面投影；正对着 W 面照射或用眼睛从左向右看，在 W 面上所形成的影子叫做侧面投影（见图2-1a）。

我们可以把物体拿走，假想把三个投影面的影子留下（见图2-1b）。

我们假想用刀把 Y 轴劈开（分成两半），把 H 面围绕 X 轴向下放下（向下旋转90°）和 V 面成为一平面；把 W 面围绕 Z 轴向右旋转90°和 V 面放成一平面。总之，就是要把三个投影面铺成一平面（见图2-1c），三个投影也随着三面同铺过去。把 Y 轴的一半分给 H 面叫做 Y_H；另一半分给 W 面叫做 Y_W（见图2-1d）。

我们可以假想把 V 面、H 面、W 面撤走，把投影留下，就形成了图2-1e所示的图形。我们把 V 面上投影图形叫做主视图，把 H 面上的投影图形叫做俯视图，把 W 面上投影图形叫做左视图，也叫做侧视图。主、俯、左三个视图就形成了三视图。

通过三视图的形成过程，我们可以看出，三个图是由一个实物通过三面投影而得到的。也就是说，三个图反映的是一个实物，而一个实物能投影成三个图。因此，我们要建立高度的空间想象能力，把图和物联系起来，见到实物想视图，见到视图想实物。只有这样才能把我们的看图能力培养起来。

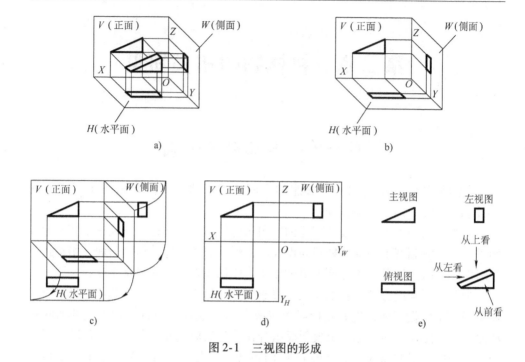

图 2-1　三视图的形成

第二节　图线和尺寸单位及尺寸符号说明

图样上的视图都是由图线构成的。在机械制图中，各种线有各种不同的含义，不能随意乱画。

一、图线

关于下料常用图线的名称、型式及应用，请看表2-1。

表2-1　线型名称、型式及应用

图线名称		图线型式	一般应用
实线	粗实线	———————	可见轮廓线等
	细实线	———————	尺寸线、尺寸界线、剖面线、引出线等
虚线		- - - - - - - - -	不可见轮廓线（线型和细实线一样粗细）
细点画线		—·—·—·—·—	轴线、对称中心线等
波浪线		～～～	断裂处的边界线、视图与局部剖视的分界线

实线分粗实线和细实线两种。粗实线用作可见轮廓线（见图2-2）；细实线用作尺寸线（见图2-3）。这里仅以图2-3a为例来说明，197.46所在的带箭头的线就是尺寸线；而从197.46所在尺寸线的两端点引出的边界线也是用细实线画出的；由于图形比较小，在图中标注尺寸写不下，这时可把尺寸数字写在图形外面，因此就要在原尺寸线画出一条引出线，引出线也用细实线（见图2-3b）。细实线还用于画剖面线，如图2-2所示，其目的是为了让人们看清物件的内部结构，在画图时，假想用手掰（或用刀砍）掉一块。在掰掉的地方就会露出茬来，为了在图样上把这一茬口表示出来，用剖面线表示，此处的剖面线也用细实线画出。图2-2的主视图被掰掉一个角，露出的茬就是用剖面线画出的。剖面线在没有特殊说明时，都是沿水平方向倾斜45°画出。掰掉后会在原物体上有个断裂处，断裂处的边界线用波浪线画出。我们把画剖面线的图叫做剖视图；用波浪线隔开后，被剖部分叫做局部剖视。图2-2的主视图中既有被剖部分，又有没剖部分，它们之间用波浪线隔开。

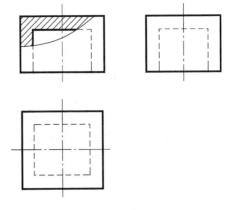

图2-2 箱体三视图

虚线是不可见轮廓线，它是表示箱体内部形状的边界线，也要用和细线宽度一样的线条画出。

细点画线用作轴线和对称中心线，在画图中最常用。用它可以确定三视图的位置。

二、尺寸单位及尺寸符号

机械制图标准规定，在没有特殊说明的情况下，尺寸数据单位都是以毫米（mm）为单位的，而且在图上数据后面不标出，只标数字（见图2-3）。

在图形上圆的直径符号用 ϕ 表示，如图2-3b中的 $\phi185.75$；半径用 R 表示，如图2-3b中的 $R92.88$。

在图形上球的直径符号用 $S\phi$ 表示，如图2-3c中的 $S\phi185.75$；球半径符号用 SR 表示，如图2-3c中的 $SR92.88$。

不难看出，图2-3b画的是一个圆；而图2-3c画的是一个球。

图样中的尺寸，都是实物的真实尺寸，与图样的绘制质量、大小和比例无关。

三、机械制图简化画法和简化标注方法

GB/T 16675《技术制图 简化表示法》本标准集中列入了技术图样上通用的简化表示法，以推行简化制图，减少绘图工作量，提高设计效率及图样的清晰

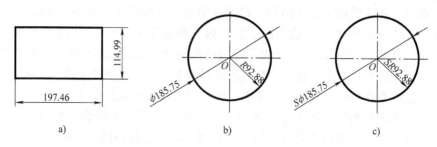

图 2-3 图线、尺寸单位及尺寸符号的含义

度，加快设计进程，满足手工制图和计算机制图及缩微制图对技术图样的要求，适应国际贸易和技术交流的需要。

GB/T 16675《技术制图 简化表示法》包括两部分：第 1 部分为图样画法（GB/T 16675.1—2012）；第 2 部分为尺寸注法（GB/T 16675.2—2012）。

1. 技术制图 简化表示法——第 1 部分：图样画法（GB/T 16675.1—2012）

与本书内容有关的图样简化画法见表 2-2。

表 2-2 图样画法

序号	简化后	简化前	说　明
1			在不致引起误解时，图形中的过渡线、相贯线可以简化，例如用圆弧或直线代替非圆曲线 也可以采用模糊画法表示相贯形体
2	（模糊画法）		

（续）

序号	简化后	简化前	说　明
3	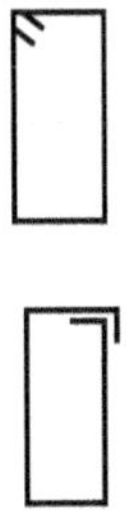	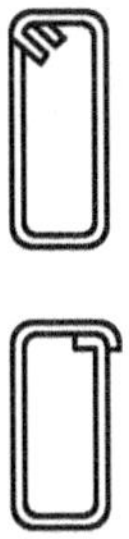	

2. 技术制图　简化表示法——第2部分：尺寸注法（GB/T 16675.2—2012）

（1）尺寸标注符号和缩写词：标注尺寸时应尽可能使用符号和缩写词。尺寸标注时常用的符号和缩写词见表2-3。

表2-3　尺寸标注符号和缩写词

序　号	名　称	符号或缩写词
1	直径	ϕ
2	半径	R
3	球直径	$S\phi$
4	球半径	SR
5	厚度	t
6	正方形	□
7	45°倒角	C
8	均布	EQS
9	深度	▼
10	沉孔或锪平	⊔
11	埋头孔	∨
12	弧长	⌒
13	斜度	∠
14	锥度	◁
15	展开	 ᷂
16	型材截面形状	按 GB/T 4656

注：展开符号 ᷂ 标在展开图上方的名称字母后面（如：A—A ᷂ ）；当弯曲成形前的坯料形状迭加在成形后的视图画出时，则该图上方不必标注展开符号，但图中展开的尺寸应按照"᷂ 200"（其中200为尺寸值）的形式注写。

（2）简化注法：在技术图样中通用的简化注法见表2-4。这里仅举几例来说明简化注法的应用，详细内容请参见技术制图 简化表示法——第2部分：尺寸注法（GB/T 16675.2—2012）。

表2-4 在技术图样中通用的简化注法

序号	简化后	简化前	说明
1	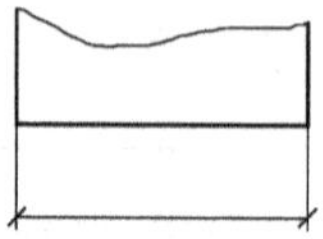	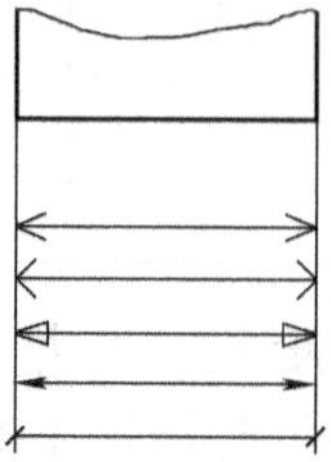	标注尺寸时，可使用单边箭头
2	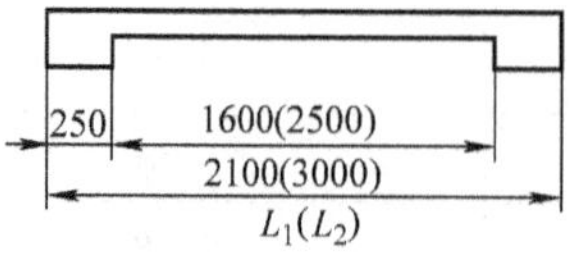 250 1600(2500) 2100(3000) $L_1(L_2)$	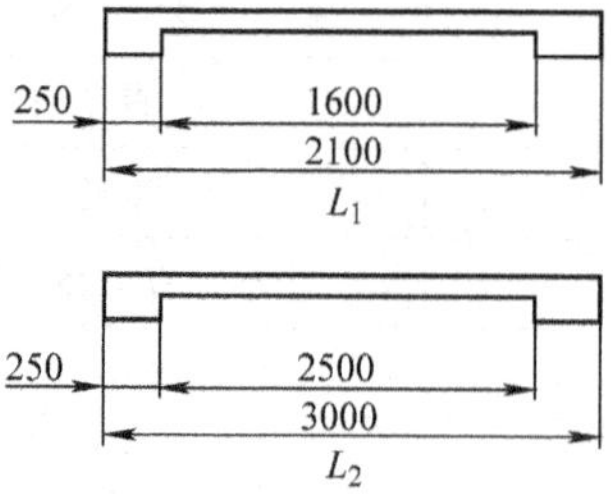 250 1600 2100 L_1 / 250 2500 3000 L_2	两个形状相同但尺寸不同的构件或零件，可共用一张图表示，但应将另一件名称和不相同的尺寸列入括号中表示
3	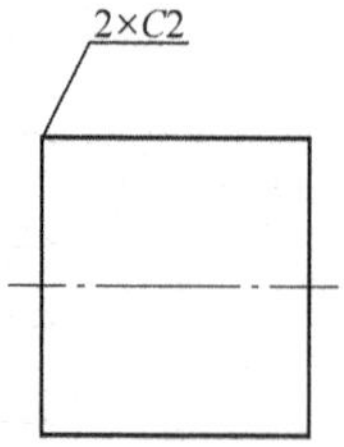 2×C2	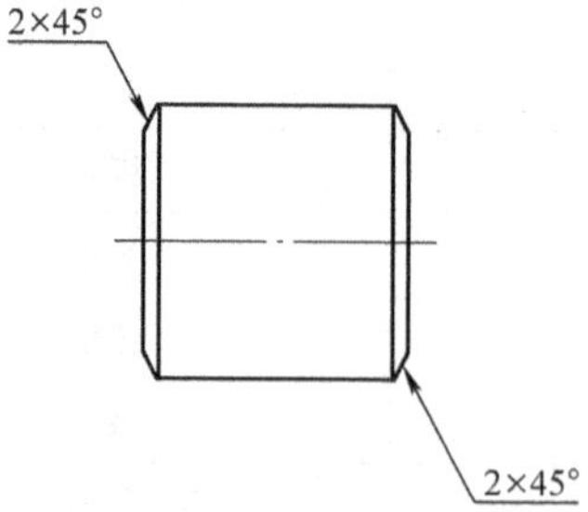 2×45° / 2×45°	在不致引起误解时，零件图中的倒角可以省略不画，其尺寸可简化标注。左图的 2×C2 表示在图两侧都有倒角；C2 中的 C 是指倒角是45°，2 是指倒角厚度是2mm；左图在图形上没有直接画出倒角，但从尺寸标注上可以反映出来

（续）

序号	简化后	简化前	说明
4	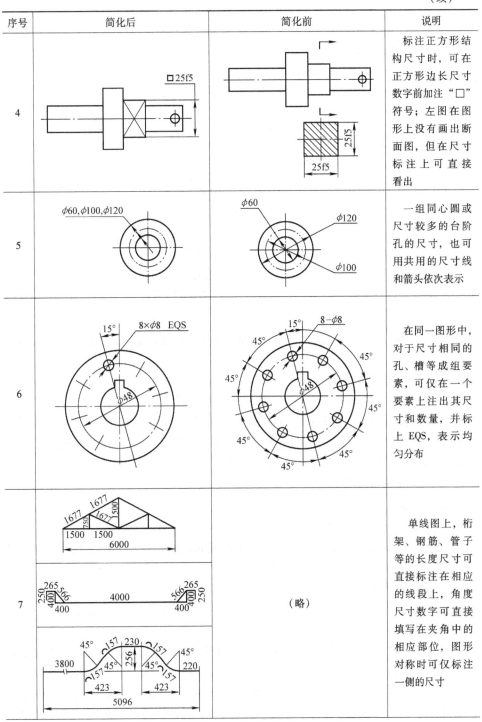		标注正方形结构尺寸时，可在正方形边长尺寸数字前加注"□"符号；左图在图形上没有画出断面图，但在尺寸标注上可直接看出
5			一组同心圆或尺寸较多的台阶孔的尺寸，也可用共用的尺寸线和箭头依次表示
6			在同一图形中，对于尺寸相同的孔、槽等成组要素，可仅在一个要素上注出其尺寸和数量，并标上 EQS，表示均匀分布
7		（略）	单线图上，桁架、钢筋、管子等的长度尺寸可直接标注在相应的线段上，角度尺寸数字可直接填写在夹角中的相应部位，图形对称时可仅标注一侧的尺寸

（续）

序号	简化后	简化前	说明
8	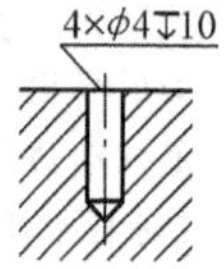 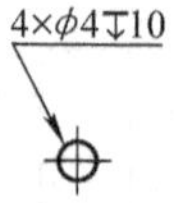	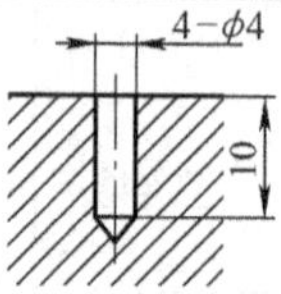	各类孔可采用旁注和符号相结合的方法标注

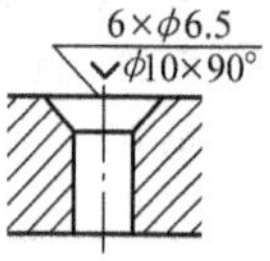

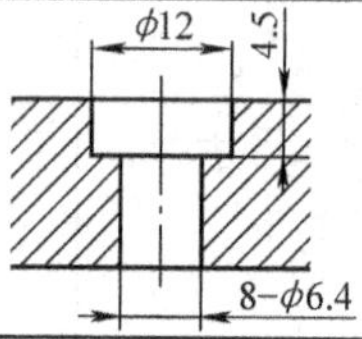

第三节　三视图投影规律及投影三特性

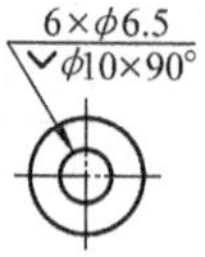

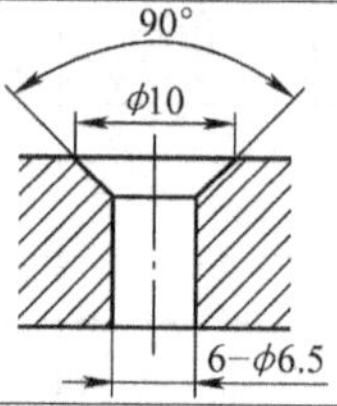

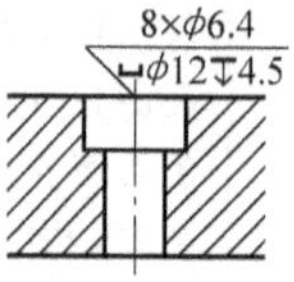

一、三视图投影规律

物体在三个相互垂直平面上的视图，是有一定规律的。从图 2-1a 中可以看出，物体的投影长度在主视图和俯视图上是相同的；物体的投影高度在主视图和左视图上相同；物体的投影宽度在俯视图和左视图上相同。这就是三视图投影规律的内涵。为了便于掌握，我们可以通过以下三句话进行记忆：

主、俯视图——长对正；

主、左视图——高平齐；

俯、左视图——宽相等。

这就是三视图的投影规律，它贯穿于机械制图的始终。无论是画图还是识图都遵循三规律，必须深刻理解和掌握。

二、投影三特性

投影三特性是指真实性、积聚性和类似性。为了便于理解，这里仅以一条直线的投影为例进行说明。

（1）真实性：当直线、曲线或平面平行于投影面时，直线或曲线的投影反映实长，平面投影反映真实的情况（见图 2-4a）。

在图 2-4a 中，AB 是一条平行于水平面的直线，因此，它在水平面上的投影和它本身一样长，反映实长。这里要特别说明一下，机械制图规定，在空间的物体要用大写字母表示，而在投影面上的投影要用相应的小写字母表示。例如，图 2-4a 中的空间直线用 AB 表示，在水平面上的投影用 ab 表示。

（2）积聚性：当直线、平面或曲面垂直于投影面时，直线的投影积聚成一点，平面或曲面的投影积聚成直线或曲线（见图 2-4b）。

在图 2-4b 中，直线 AB 垂直于水平面，它在水平面上的投影是一点，但这点我们就不能看成是一点了，它是一条线的投影积聚成了一点。因此，在投影面上用符号表示，要把被遮挡的点用括号括上。图中 b 点用括号括上，表示 b 点被 a 点挡上了，也就是说 A 点在上，B 点在下，A 点挡住 B 点。这种表示法也是机械制图的规定，在以后的学习中我们还会遇到。

（3）类似性：当直线或曲线倾斜于投影面时，直线或曲线的投影仍为直线或曲线，但小于实长（见图 2-4c）。

在图 2-4c 中，直线 AB 相对于水平面是倾斜的，而它在水平面上的投影仍然是一条直线，但这一直线比空间直线短。也就是投影直线 ab 比空间直线 AB 短，投影直线 ab 和空间直线 AB 具有类似性。

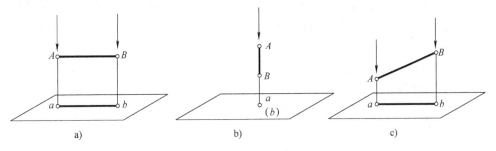

图 2-4　投影三特性

a）真实性　b）积聚性　c）类似性

第四节　点、线、面、体的投影

一、点的投影

∧ 作图步骤：

（1）如图 2-5a 所示，空间有 A、B 两点。它们在 H 面上的投影是 a（b）；在 V 面上的投影是 a' 和 b'；在 W 面上的投影是 a''、b''。

这里要说明的是：在水平面上的投影所用符号表示是小写字母 a（b）。在图 2-5 中可以看出，在水平面上的投影是 A 点和 B 点的投影重合到一点，而 B 点被 A 点所遮盖了，因此在投影图中为了表示此点被遮挡，被遮盖点要用括号括上。在 V 面的投影符号要写上一撇，如 a'、b'；在 W 面上的投影符号要写上两撇，如 a''、b''。这是机械制图的规定画法。

（2）将空间点A、B移走，把投影留下（见图2-5b）。

（3）将V面和W面分别沿X轴和Z轴打开铺平，就成为点的三视图了（见图2-5c）。点的三视图仍然遵循投影三规律。

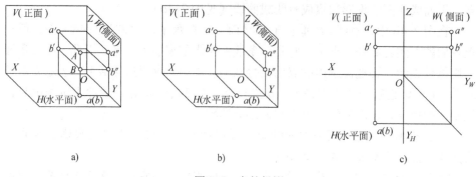

a)   b)   c)

图2-5　点的投影

二、线的投影

一条直线可以看成是由无数个点组成的，因此我们在一条直线上把两个特殊的点的投影画出，然后连接两点，即完成直线的投影。这两个特殊点就是直线的两个端点。

1. 一般位置直线　直线既不平行也不垂直于任何一个投影面。

A 作图步骤：

（1）我们把一条直线放到假想的空间中，它的三个投影面都有投影（见图2-6a）。

（2）将直线拿走，把投影留下（见图2-6b）。

（3）将V面和W面分别沿X轴和Z轴打开铺平，就成为直线的三视图了（见图2-5c）。

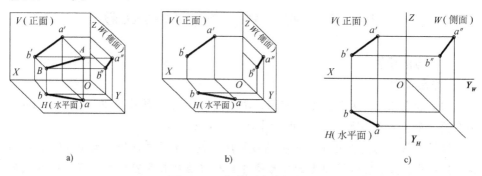

a)   b)   c)

图2-6　一般位置直线的投影

直线的三视图仍然遵循投影三规律。从三视图中不难看出，主、俯、左视图的长度和直线AB的长度不相等，均不反映实长，因此，我们把这样的直线叫做一般位置直线。

2. 投影面平行线 直线平行于某个投影面，而对另外两个投影面倾斜。

投影面的平行线有水平线、正平线和侧平线。平行于水平面的直线称为水平线；平行于正面的直线称为正平线；平行于侧面的直线称为侧平线。

投影面平行线的投影特性见表2-5。

表2-5 投影面平行线的投影特性

名称	在投影系中的投影	投影图	投影特性	
水平线 //H ∠V ∠W			1）水平投影为一倾斜线段，且反映实长 2）正面投影和侧面投影都是水平线段，但都小于实长	1）在所平行的投影面上的投影为一倾斜线段，且反映实长 2）另外两个投影分别为水平线段或垂直线段，但小于实长
正平线 //V ∠H ∠W			1）正面投影为一倾斜线段，且反映实长 2）水平投影和侧面投影分别为水平线段和铅垂线段，但都小于实长	
侧平线 //W ∠H ∠V			1）侧面投影为一倾斜线段，且反映实长 2）正面投影和水平投影都是铅垂线段，但都小于实长	

3. 投影面垂直线 直线垂直于某个投影面，而对另外两个投影面平行。

投影面的垂直线有铅垂线、正垂线和侧垂线。垂直于水平面的直线称为铅垂线；垂直于正面的直线称为正垂线；垂直于侧面的直线称为侧垂线。

投影面垂直线的投影特性见表2-6。

表 2-6　投影面垂直线的投影特性

名称	在投影系中的投影	投影图	投影特性	
铅垂线 ⊥H //V //W	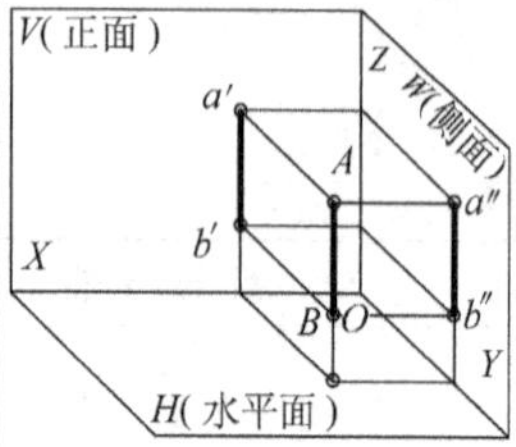	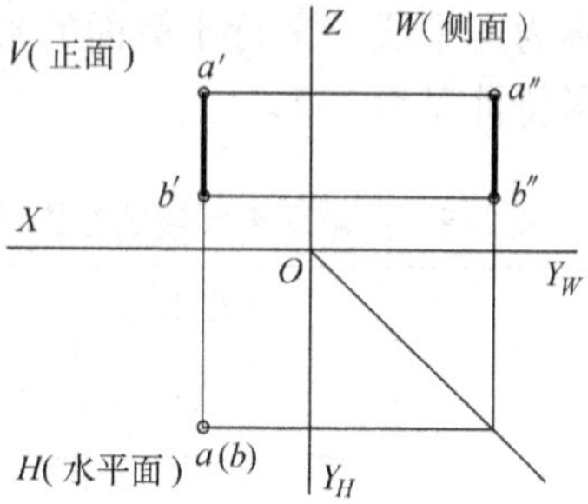	1）水平投影积聚为一点 2）正面投影和侧面投影相等，且都反映实长	
正垂线 ⊥V //H //W	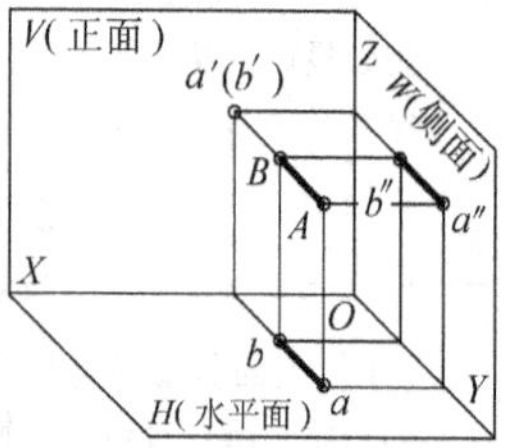	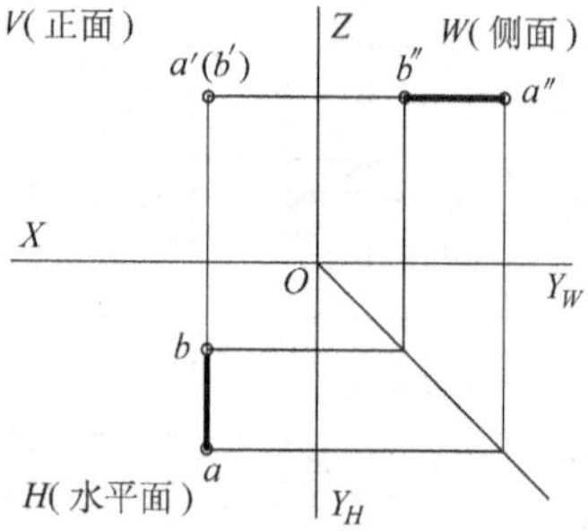	1）正面投影积聚为一点 2）水平投影和侧面投影相等，两投影都反映实长	1）在所垂直的投影面上的投影积聚为一点 2）另外两个投影相等并反映实长
侧垂线 ⊥W //H //V	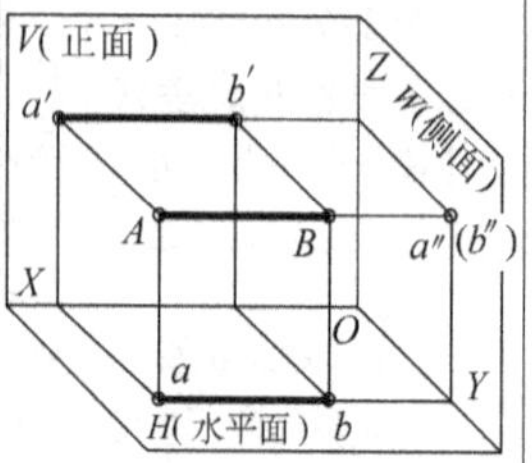	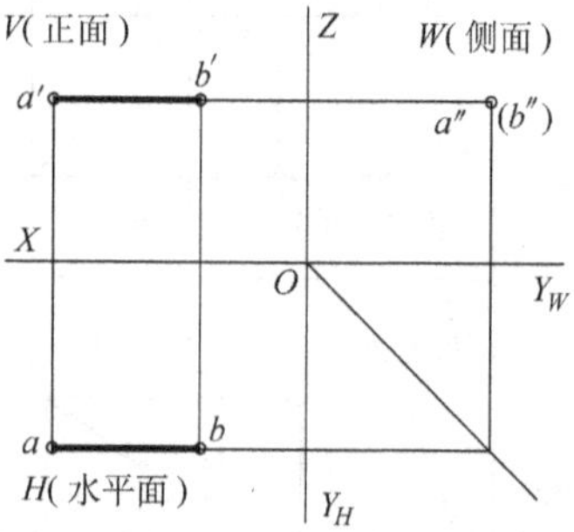	1）侧面投影积聚为一点 2）水平投影和正面投影相等，两投影都反映实长	

三、平面的投影

我们可以把一个平面看成是由无数条线组成的，而每个面都有几条特殊的线（至少三条线），只要我们把这几条线找出并画出来，然后这几条线首尾相连，便组成了一个平面。这几条线就是平面的边。

1. 一般位置平面　对三个投影面均倾斜，投影均不反映实形，投影均为空间图形的类似形，如图 2-7 所示。这里只对 △ABC 这个面进行了投影。

投影特性如下：

1）三投影既不平行也不垂直任一投影面；

2）三投影均不反映实形；

3）三投影均为空间图形的类似形。

2. 投影面的平行面

平行于一个投影面，而垂直于另外两个投影面的平面。平行于水平面的平面称为水平面；平行于正面的平面称为正平面；平行于侧面的平面称为侧平面。

投影面平行面的投影特性见表2-7。

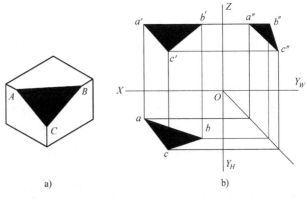

图 2-7 一般位置平面的投影

表 2-7 投影面平行面的投影特性

名称	在投影系中的投影	投 影 图	投 影 特 性	
水平面			1）水平投影反映实形 2）正面投影和侧面投影都是水平线段，都具有积聚性（重影性）	1）在所平行的投影面上的投影反映实形 2）另外两个投影分别积聚（重影）为水平线或铅垂线
正平面			1）正面投影反映实形 2）水平投影和侧面投影分别积聚（重影）为水平线段和铅垂线段	
侧平面			1）侧面投影反映实形 2）正面投影和水平投影分别积聚（重影）为铅垂线	

3. 投影面垂直面　垂直于一个投影面而倾斜于另外两个投影面的平面。垂直于水平面的平面称为铅垂面；垂直于正面的平面称为正垂面；垂直于侧面的平面称为侧垂面。

投影面垂直面的投影特性见表2-8。

通过表2-8分析，我们可以归纳投影面垂直面的投影特点如下：

1）在所垂直的投影面上的投影积聚（重影）成一倾斜直线；

2）另外两个投影是小于实形的类似形。

表 2-8　投影面垂直面的投影特性

名称	在投影系中的投影	投影图	投影特性	
铅垂面	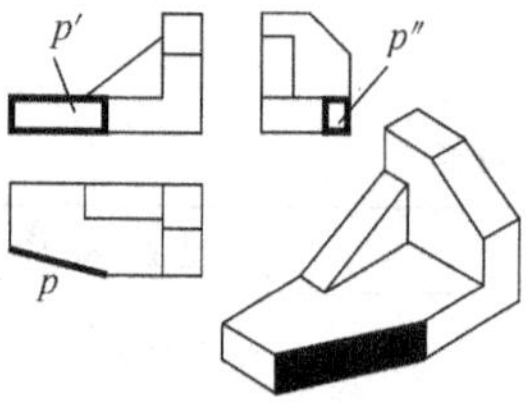	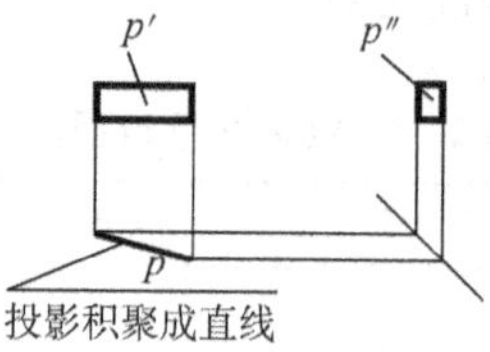 投影积聚成直线	1）水平投影积聚（重影）一倾斜直线段 2）正面投影和侧面投影都是小于实形的类似形	1）在所垂直的投影面上的投影积聚（重影）成一直线 2）另外两个投影都是小于实形的类似形
正垂面	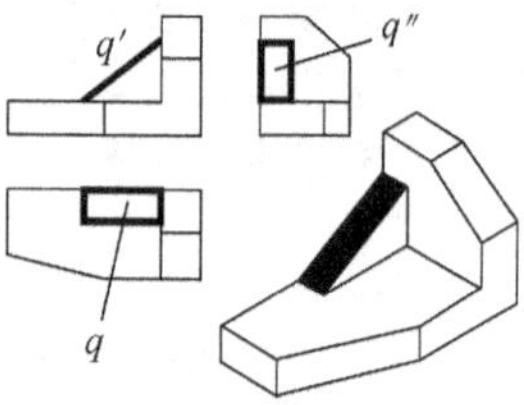	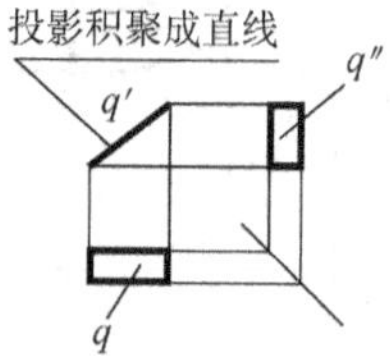 投影积聚成直线	1）正面投影积聚（重影）成一倾斜直线 2）水平投影和侧面投影都是小于实形的类似形	
侧垂面	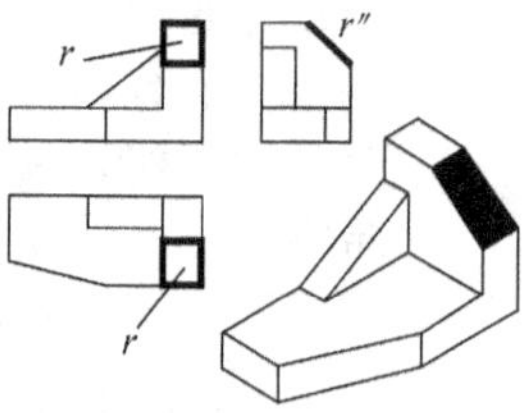	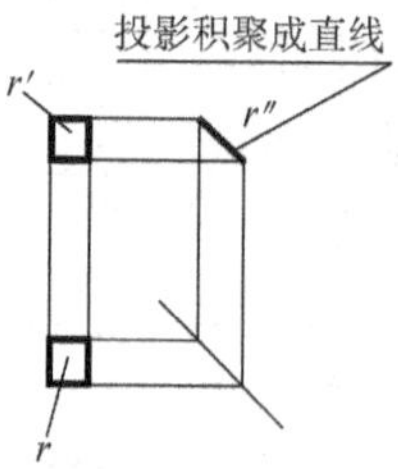 投影积聚成直线	1）侧面投影积聚（重影）成一倾斜直线 2）正面投影和水平投影都是小于实形的类似形	

四、体的投影

体是由面构成的。图2-8就是一个体的立体图和三视图。为让读者学习和掌握看图本领，这里在三视图上标上字母，去分析每个点、每条线、每个面在主、俯、左视图的形状和位置。请读者仔细体会。

前面已经讲过，空间立体图上所标的字母都是大写字母，而在三视图上所标的相应字母一律小写，并且在主视图上所标字母上都加上一撇，左视图上字母加两撇，这是机械制图的基本规定。

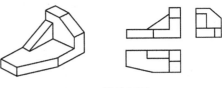

图2-8　体的投影

1. 立体图上各点在三视图上投影的位置　为研究问题方便，把立体图上和三视图上要研究的面涂黑，如图2-9所示。立体图上涂黑面有四点（四角点），分别是 *A*、*B*、*E*、*F*。另外还标了 *C*、*D* 两点。

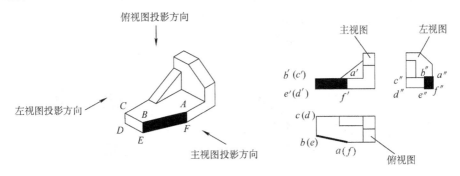

图2-9　体上点、线、面的投影分析

在主视图上 *a′* 点、*b′* 点、*e′* 点、*f′* 点从投影方向上看都是能看见的，因此可直接标出；而 *c′* 点、*d′* 点在主视图上是看不到的，被 *b′* 点、*e′* 点遮挡住了，和 *b′* 点、*e′* 点重影为一点，因此在视图上标注时被遮挡的一点要用括号括起来，这样就说明从图样上看出空间实物有这两点，而在图样上这两点重影。在俯视图上这六点都重影，被遮挡的点所标符号用括号括起来。左视图上六个点都能看见，因此都单独标字母。

2. 立体图上 *EF* 线在三视图上投影的位置　在主视图上 *e′f′* 线在最底边上；在左视图上 *e″f″* 线也在最底边上；而在俯视图上 *ef* 线恰好被完全遮挡，因此所标字母都用括号括起来。

3. 立体图上 *ABEF* 平面在三视图上的投影　通过主、俯、左视图可以看出，这个面是个斜面。这一点从俯视图上即可看出：*ABEF* 平面在俯视图上积聚成了倾斜的一条线，所以这个平面是一个斜面（加粗的直线是一个斜面）。主视图和左视图涂黑面就是 *ABEF* 平面在这个视图上的投影。另外，这个平面还是一个铅垂面，因为它在俯视图上积聚成了一条线；这个面既不平行于正面，也不平行于侧面，更不平行于水平面，因此它不反映实形。

注意：我们在看三视图时不能只看一个图，而要三个视图联系起来看。比如说，看一个点、一条线、一个面、一个体，不能只盯着一个图去看，要在三个视图（主视图、俯视图、左视图）上去看这个点、这条线、这个面、这个体都在什么位置，并分析它是一个什么样的点、线、面、体。通过看图，要想象出这个点、这条线、这个面、这个体在空间的实物（或立体）是什么样的，进而也培养我们的空间想象能力。下面举一例加以解释。

如图 2-10 所示，我们可以把这一物体假想地看成是由底座 1、立板靠背 2、肋板 3 组合而成的（其实这是一个整体物件）。这里只看肋板 3 在三视图上的投影情况。这种只拿立体（实物）的某一部分去研究和分析视图的方法，在机械制图上叫做形体分析法。为研究问题方便，把图涂黑。

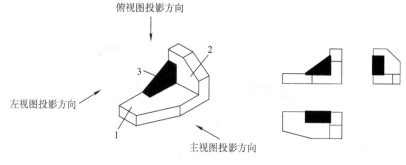

图 2-10　体的投影分析

我们假设只有肋板 3 存在，其他部位都不存在，然后在主视图找肋板的位置和形状，可以看到它在主视图上是一个三角形图形；再看一下在俯视图上的位置，根据三视图投影规律，即主、俯视图——长对正的关系，在俯视图上也能找到肋板位置及形状——长方形（涂黑部位）；用同样的方法根据主、左视图——高平齐这一规律，我们可以在左视图上找到肋板相应位置，也是一长方形（涂黑部位）。肋板 3 在这三个视图上的位置和投影形状已经找到和确认了，我们就可以利用投影的形成和投影规律去逐图分析投影是怎么形成的，进而通过三个投影想象空间实物是什么样的。如在主视图上看它是一个三角形，可以得出这一三角形的长度和高度；它在俯视图上的投影是一个长方形，可以知道这一物体的宽度和长度；然后再看一下左视图，可以看出它的高度和宽度。把三个图联系起来，可知这一物体是这样的：它是一个三角形的，而且有一定厚度的物块。至于它有多长、有多高、有多宽（厚），图样上会标出，这里只是举例，未标尺寸。看完肋板 3 后，其他部分也可用同样方法去看、去找、去分析、去研究。

顺便再介绍一下看一张完整图样的顺序。一张完整的图样有视图、尺寸、标题栏和技术要求（见图 2-11）。应分四步去看：一看标题栏；二看视图；三看尺寸标注；四看技术要求。下面就把这四个看图过程讲一下：

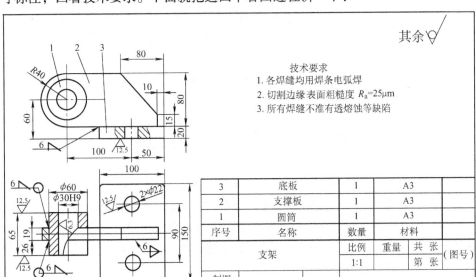

技术要求
1. 各焊缝均用焊条电弧焊
2. 切割边缘表面粗糙度 R_a=25μm
3. 所有焊缝不准有透熔蚀等缺陷

3	底板	1	A3	
2	支撑板	1	A3	
1	圆筒	1	A3	
序号	名称	数量	材料	

支架	比例	重量	共 张	(图号)
	1:1		第 张	
制图				
校核				

图 2-11 支架焊接图

- 一看标题栏。在拿来图样后，首先要看标题栏中内容，如名称、比例、数量等；紧接着就要看各零件名称、数量、材料，应按序号看。在看的过程中，边看标题栏内容边在图中按序号找相应零件的位置和大体形状。如标题栏中序号1是圆筒，数量是1件，材料是 A3 钢材，那么它在图上的什么位置呢？显然是标在主视图上了。以此类推，按序号去看其他部件。

- 二看视图。前面我们按标题栏序号在视图上找部件相应位置和形状，已经有了大体印象了。在这一基础上，就可以进一步去看每个零件的结构形状，要将主、俯、左视图联系起来看。图 2-11 没有左视图，只画了主视图和俯视图。在机械制图中规定，如果一个视图能把机件反映出来，就画一个图；如果两个图能把机件表达出来，就画两个；两个图还不能把机件表达出来，就画三个；另外，如果局部还没有表达清楚，还要画一些局部视图等来表达机件完整性。不管画几个视图，都必须遵循投影三规律。图画的少，但能表达清楚机件构造，既节省绘图时间，又不造成重复。图 2-11 中序号1是圆筒，它的主视图是两个圆。按主、俯视图——长对正来看，它在俯视图上是内径 30mm（ϕ30H9）、外径 60mm（ϕ60）、长 65mm 的圆筒；并且这一圆筒被剖开了（画剖面线的地方，即画细斜线的地方，就是假想地用手掰掉或假想地用刀砍掉一块，目的是要看内部构造）。其他画细斜线的位置道理与此相同。可用形体分析法去研究每一零件。在看图过程中，要想象出空间立体机件形状。其他部分请读者自行完成。

● 三看尺寸标注。在分析清楚视图之后，就要看尺寸标注了，应注意尺寸符号含义。图中 $2 \times \phi 22$ 的含义是：有两个相同的孔，ϕ 表示圆的直径，孔的直径是22mm。图中有关表面粗糙度符号和焊接符号内容，请读者详细阅读机械制图和焊接方面的有关图书，这里不作解释了。

● 四看技术要求。技术要求在图样上清晰地列出，就是要求此机件完工后达到什么程度。如不符合技术要求，说明机件不是合格产品。

第五节 线段实长的求法

下料（放样）图与视图不一样。下料图是构件表面的展开图，在展开图中所有图线（轮廓线、棱线及辅助线等），都是构件表面部分的实长线。这些线在一些视图中往往不反映实长，如天圆地方、各种过渡接头等。放样时必须先求出那些不反映实长线条的实长来，才能作下料图。因此，求线段实长是下料工作中的重要一环，必须熟练掌握。

为了更好地学习线段实长的求法，本章第五节和第六节将摘录梁绍华编著的《钣金工放样技术基础》中的内容。下面先来讨论一下求线段实长的方法问题。

如何在图样中识别哪些线段（棱线或辅助线）反映实长，哪些线段不反映实长，这是在求实长线前必须解决的问题。只有解决此问题后，才可着手求出那些不反映实长的线段的实长。

一、线段实长鉴别

线段是否反映实长，可依据前面所讲过的线段的投影特性来识别。根据一般位置直线、平行线、垂直线的投影特性，对实长线的鉴别方法归纳如下：

1）若线段的一面投影平行于投影轴，则另一面投影反映实长（见表2-2）；

2）若线段的两面投影都平行于同一投影轴，则该线的两面投影均反映实长（见表2-3）；

3）当线段各面投影均倾斜于投影轴时，则它的各面投影均不反映实长（见图2-6）。

以上就是辨别实长线的简便方法。

二、求直线段实长

（一）旋转法

旋转法求实长，就是把空间任意位置的直线段，绕一固定轴旋转成为正平线或水平线，则该线在正面或水平面的投影即反映实长。如图2-12a所示，以 AO 为轴将 AB 旋至与正面平行的 AB_1 位。此时 AB 便变成一条正平线 AB_1，其正面投影 $a'b'_1$ 即 AB 的实长。图2-12b表示将 AB 旋转成正平线的位置求实长；图2-12c表示将 AB 旋转成水平线求实长。

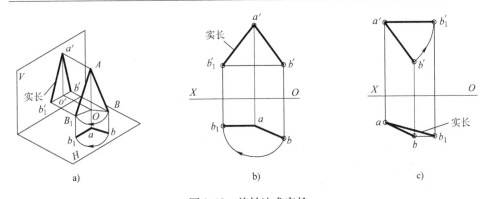

图 2-12　旋转法求实长

a) 线段的旋转　b) 旋转成正平线　c) 旋转成水平线

【例1】　求斜圆锥表面各素线实长。

为了作出斜圆锥表面展开图，需先求出底圆周等分点与锥顶连线（以下简称素线）的实长。

A 作图步骤：

(1) 先用已知尺寸画出主视图和俯视图（见图 2-13）。八等分俯视图圆周，等分点为 1、2、3、4、5、4、…、1。由等分点向锥顶 O 引素线。

(2) 分别将这些素线向水平中心线 O5 上旋转，即以 O 为圆心到 2、3、4 各点作半径画同心圆弧，得与水平中心线 O5 交点。

(3) 然后过这些素线在水平轴上的端点向上引垂线，分别交主视图底圆投影线于 1′、2′、3′、4′、5′。连接 2′、3′、4′于 O′，则 O′2′、O′3′、O′4′即所求各素线实长。而 O′1′和 O′5′两投影本身就是正平线，因此本身就反映实长。

为使图面清晰，现场多用图 2-14 所示的简化画法求各素线实长。这个图形就是假想用刀把俯视图的上一半砍去，然后将另一半向上和主视图贴上，并对半圆四等分。

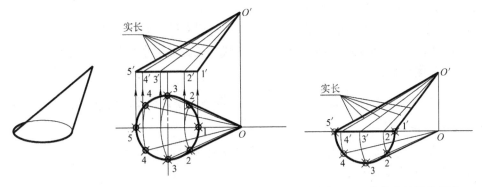

图 2-13　斜圆锥素线实长求法　　　　图 2-14　素线实长简化画法

（二）直角三角形法

直角三角形法（以下简称三角形法）求直线实长的原理如图 2-15 所示。从图中可以看出，AB 线经旋转所求出的实长线 $a'b'_1$，是以 AB 的正面投影 $a'O$ 为对边，而以该线的水平投影 ab 为底边的直角三角形的斜边。因此，对一般位置直线段，不必用旋转法求实长，可直接用三角形法。

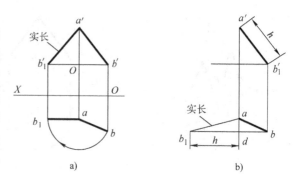

图 2-15 三角形法求实长

a）旋转法 b）三角形法

三角形法求直线实长，既可作在主视图中，也可作在俯视图中。在俯视图中是以 ab 的直高 ad 为对边，以直线的正面投影 $a'b'$ 长 h 为底边，所组成的直角三角形 $\triangle ab_1d$ 的斜边 ab_1 即为实长，如图 2-15b 所示。用三角形法求直线实长，在实际下料工作中应用极广，必须加深理解，熟练掌握。

【例 2】 求天圆地方各辅助线实长。

视图分析：图 2-16 表示天圆地方的立体图和主、俯两视图，它是由平面和曲面组合而成的。俯视图中四个全等的等腰三角形表示平面部分，各等腰线表示方圆过渡线，是平面与曲面的分界线。这些线在视图中都不反映实长，在作下料图时，除需求出实长外，还应在曲面投影部分作出适当数量的辅助线。同样，各辅助线也不反映实长。各线实长具体求法如下。

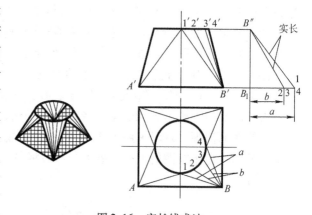

图 2-16 实长线求法

作图步骤：

（1）将俯视图的 $\frac{1}{4}$ 圆周进行三等分，等分点分别为 1、2、3、4，分别将各点与 B 点进行连接。

（2）为便于理解，我们可以把所求实长线画在主视图右侧。即在 $A'B'$、$1'4'$ 延长线上作垂线 $B''B_1$，即天圆地方的高。

（3）在求实长图上取 $B_1 2 = B2$ 或 $B_1 2 = B3$ 等于 b，取 $B_1 1$（或 4）$= B1$（或

4）等于 a。

（4）在所求实长图上分别连接 B''、1 和 B''、2，则 B''、1 和 B''、2 就是所求相应辅助线的实长。

说明： 为更容易理解求实长的方法和步骤，在这里补充说明一下：我们可以用假想的一个三角板放到天圆地方体中，以在俯视图辅助线的投影 $B2$ 为三角形的底边，以天圆地方的高为另一直角边，则此三角形的斜边即所求实长。

（三）换面法

正如前面所讲的那样，只有当直线平行于投影面时，在这个投影面上的投影才反映实长。换面法就是根据直线投影的这一规律，用一新的投影面替换原来的某一投影面，使新的投影面与空间直线相平行。这样，原来处于一般位置的直线也就成了这个新投影面的平行线，它在新投影面上的投影，也就反映了线段的实长。这个新的投影面叫做辅助投影面，在辅助投影面上的投影叫做辅助投影。有的书中也把这种求实长方法叫做直角梯形法。

辅助投影面的选择，用得最普遍的有两种：垂直于水平面、倾斜于正投影面的叫做正立辅助投影面；垂直于正投影面而倾斜于水平投影面的叫做水平辅助投影面。

图 2-17a 所示为新设一与直线 AB 平行而又垂直于水平面的正立辅助投影面，则 AB 在这一新投影面上的投影 $a'_1 b'_1$ 反映实长。

将辅助投影面以 $O_1 X_1$ 为轴向外旋转 $90°$，使之与原水平投影面重合，然后和水平投影面一起向下再旋转 $90°$，所求实长线反映在俯视图中，如图 2-17b 所示。

从图中可以看出：

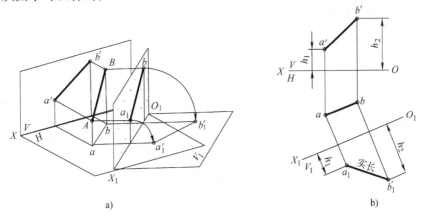

a)　　　　　　　　　　　　b)

图 2-17　换面法求实长

a）直线平行于辅助平面　b）求实长

1）直线的两端点投影到正面和新投影面的对应高度相等。

2）辅助投影面与直线 AB 距离无关，但其轴线必须平行于 AB 的原水平投影。

3）a_1 与 a，b_1 与 b 位于投影轴 O_1X_1 的同一垂线上（当辅助平面旋转到 V_1 面时，a_1b_1 在 V_1 面上符号就是 $a'_1b'_1$）。

说明：在以后的换面法求实长过程中，我们可以按以下步骤进行（以图 2-17b 为例）：

（1）先将直线 AB 的主、俯视图画出来（也就是正面投影和水平投影）（见图 2-17）。

（2）然后建立新辅助平面。在水平面上作 O_1X_1 轴平行于 ab（O_1X_1 距 ab 多远没关系）（见图 2-17）。

（3）假想建立一个新的投影面，称这个面为 V_1 面，原 H 面不变，它既和原 V 面构成一投影空间，也和新投影面构成投影空间。分别过 a、b 两点作 O_1X_1 轴的垂线并延长，然后在 V 面上分别量取 h_1、h_2 后，再到 V_1 面量取 h_1、h_2，确定 a'_1、b'_1 点。

（4）连接 a'_1、b'_1 两点，即得所求。

AB 在辅助投影面上（见图 2-18a），这时辅助投影轴 O_1X_1 必然与 AB 原水平投影 ab 相重合（见图 2-18b）。

图 2-18c 中的实长线 a_1b_1 是 AB 在水平辅助投影面投影的结果，它反映在主视图中。实际上就是拿一个辅助平面，让辅助平面正好和空间直线 AB 重叠，也就是把辅助平面放到空间直线上，但辅助平面必须垂直于水平面或正面，这样在辅助平面上的投影反映实长。然后把辅助平面放平和水平面重合或把它和正面重合。具体作图步骤同上。

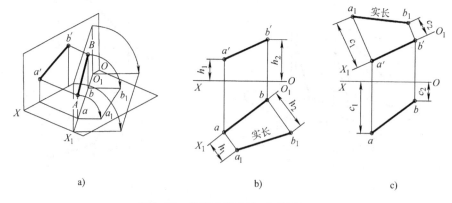

a)　　　　　　　　b)　　　　　　　　c)

图 2-18　直线在辅助平面上的投影

a）直线在辅助平面上　b）、c）求实长

（四）支线法

支线法求实长是换面法求直线实长的一种特殊方法，与图 2-18 所示情况基本一样。该方法也是将辅助平面放到了空间直线 AB 上，但辅助平面垂直于水平面。这里要注意的是：空间直线 AB 的一端点在辅助平面的底边上，这一点正好在水平面上，而这一点在正面上的投影恰好在投影轴 OX 上，如图 2-19 所示。A 点恰好在 O_1X_1 轴上，因此 A 点的高度为零。B 点的水平投影 b 也重影于 O_1X_1 轴上，而 B 点的正面投影高度与辅助平面上的投影高度相等。这样，就可以看出 AB 在辅助平面上的投影实长 ab_1，与该线两视图间有勾、股、弦关系。即 ab_1 是以 AB 的水平投影 ab 为底边，以该线的正面投影高度 h 为对边的直角三角形的斜边。图 2-19b 表示翻转后的视图；图 2-19c 为在主视图中求实长。此方法称为支线法。

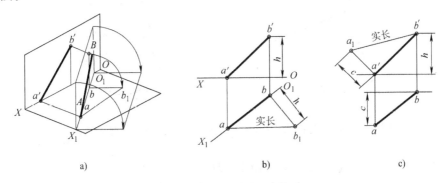

图 2-19　支线法求直线段实长

a）线的一端在水平投影面上　b）、c）支线求实长

从支线法求实长中可以得出如下结论：

一般位置直线的实长，是以该线的某一投影长度作底边，而以另一视图中的直高作对边所成的直角三角形的斜边，即为该线的实长。

用支线法求直线实长，可在直线的任意视图中的任意端点引出支线求实长，不必分析所引支线是否符合该线空间的实际位置。

第六节　求平面图形的实形

【例 3】　求铅垂面的实形（见图 2-20）。

分析：从图 2-20 可以看出，主、俯两视图表示长方形垂直于水平面，因此在水平面上积聚成一条直线。我们只要用一辅助投影面平行于空间长方形即可求出实形，即让辅助投影面垂直于水平面。为作图方便，把投影轴 O_1X_1 和水平投影重合放置。这样，在辅助投影面上的投影反映实形。

⚘ **作图步骤：**

（1）放置一辅助投影面 V_1，使 V_1 轴经过水平投影12，并垂直于水平面。

（2）分别过1、2两点作垂线，并从主视图上量取 a、h 长度，在辅助投影面 V_1 上确定 a、h 长度，分别确定 $1''$、$2''$、$3''$、$4''$ 点。

（3）连接 $1''{-}2''$、$2''{-}3''$、$3''{-}4''$、$4''{-}1''$，则长方形 $1''2''3''4''$ 为所求实形。

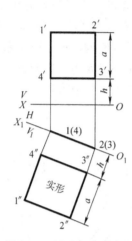

图2-20 铅垂面实形求法

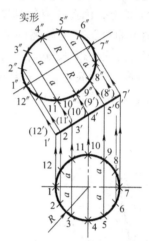

图2-21 正垂面实形求法

【例4】 求正垂面的实形（见图2-21）。

从图中可以看出，主视图积聚成 $1'7'$ 直线，即空间圆面垂直于正面。水平投影不反映实形。

⚘ **作图步骤：**

（1）将俯视图圆周十二等分，等分点为1、2、3、…、12，由等分点引上垂线得与主视图 $1'7'$ 的交点。

（2）在主视图引直线 $1''7''$ 平行于 $1'7'$，由 $1'7'$ 各点分别对 $1''7''$ 作垂线得出交点。以 $1''7''$ 为对称轴，在各线上左右对称截取俯视图圆周等分点至17距离，得 $2''$、$3''$、…、$12''$。将各点连成椭圆，该图形即为所求实形。

【例5】 求侧垂面的实形（见图2-22）。

从图中可以看出，左视图积聚成 $1''$（$4''$）$-2''$（$3''$）直线。即空间梯形面垂直于侧面，显然，正面

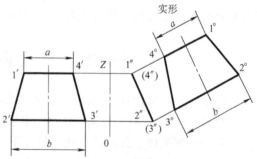

图2-22 侧垂面实形求法

投影的 1′4′、2′3′ 边（即 a、b 边）反映实长，但梯形正面投影不反映实形。

作图步骤：

（1）用一辅助投影面垂直放置在侧面，并将投影轴和投影 1″（4″）—2″（3″）重合（为方便作图，未把辅助轴线标出）。分别作 1″（4″）—2″（3″）垂线，再画一条轴线，在主视图上量取 a、b，再回到辅助投影面上以轴线为对称中心线量取 a、b，确定 1°、2°、3°、4° 点。

（2）连接 1°、2°、3°、4° 点，完成在辅助投影面上的投影，该投影即为所求实形。

【例6】　求一般位置的平面实形。如图 2-23a 所示，已知一个主视图和一个俯视图，求这一三角形的实形。

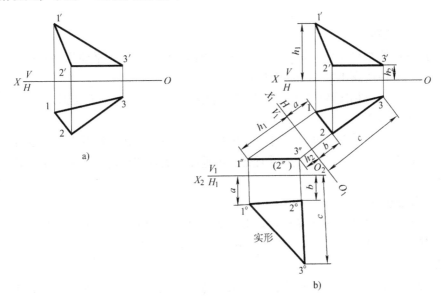

图 2-23　投影变换法求实形

分析：题中所给条件是一般位置平面。而 23 边是一条水平线，正面投影平行于 OX 轴，23 边在 H 面反映实长。我们要用两个辅助投影面，把一般位置平面的实形求出来。

先将三角形转换成一铅垂面，用一辅助投影面 V_1，让 23 边垂直于 V_1 这一辅助投影面，即三角形在这一投影面上积聚成一直线（23 边垂直于投影面，而 23 边又在三角形上，所以，三角形上所有的线，包括另两边在辅助投影面上都积聚成一直线）。

再用辅助投影面 H_1，让该辅助投影面 H_1 平行于积聚成一直线的三角形，则在该辅助投影面 H_1 上的投影反映实形。

△ 作图步骤:

(1) 在俯视图上放一辅助投影面 V_1, V_1 与 H 面的交线为 O_1X_1 (一次换面投影轴线), V_1 的位置与23边的延长线垂直, 由点1引垂直于 O_1X_1 的直线并延长。以 O_1X_1 为基线分别向左量取 $1''$、$2''$、$3''$ 各点, $1''$、$2''$、$3''$ 各点的量取依据是主视图上 $1'$、$2'$、$3'$ 到 OX 的距离, 即 h_1、h_2 (见图2-23b)。连接 $1''$、$3''$ 两点, 即为三角形积聚成的一条直线, 也就是三角形123垂直于 V_1 面。

(2) 再放一辅助投影面 H_1, 使 H_1 平行于三角形 $1''2''3''$, 在 H_1 面上的投影反映实形, 即三角形 $1°2°3°$ 反映实形。

第七节　截交线和相贯线

一、截交线

由平面切割立体后, 表面所产生的交线称为截交线, 该平面称为截平面, 被切割后的立体所露出的表面叫截断面。

【例7】　画出圆锥被正垂面 P 斜切的截交线, 并求截断面实形。

1. 画截交线

分析: 由图2-24a可以看出, 截交线应为一椭圆。在三视图上, 截交线的正面投影积聚为一直线, 说明截断面是一正垂面, 而在其他两个投影面上的投影为椭圆。

△ 作图步骤:

(1) 画出圆锥的三面投影图。并把俯视图圆锥锥底 H 面投影 (圆周) 进行十二等分, 等分点分别为 a、b、c、$\cdots$、l, 并连接圆锥顶点到各等分点素线 (见图2-24b)。

(2) 根据三视图投影规律, 由 H 面投影 a、b、c、$\cdots$、l 分别作出 V 面投影 a'、b'、c'、$\cdots$、l' 各点, 并连接 $s'a'$、$s'b'$、$\cdots$、$s'g'$, 分别和截交线相交, 得截交点 $1'$、$2'$、$3'$、$\cdots$、$7'$ 和特殊点 $1''$、$4''$、$7''$、$10''$ (见图2-24c)。

说明: 为让三视图图面清晰, 只标少量有代表性的符号, 其他符号没标出, 请读者注意。

(3) 确定俯视图和左视图上各截交点。由主视图上 $1'$、$2'$、$3'$、$\cdots$、$7'$ 各点分别向下引垂线和俯视图上 sa、sb、$\cdots$、sl 各素线相交于 1、2、3、$\cdots$、12 点, 则该点即为所求截交点。同理, 根据主、左视图——高平齐和俯、左视图——宽相等, 求出 $1''$、$2''$、$3''$、$\cdots$、$12''$ 点 (见图2-24d)。

(4) 用平滑曲线分别在俯视图和左视图上连接各截交点, 并擦掉多余的图线, 即完成圆锥被正垂面 P 斜切的截交线的图形 (见图2-24e)。

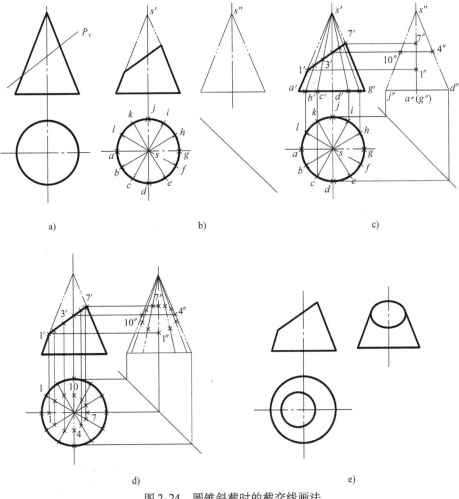

a)　b)　c)

d)　e)

图 2-24　圆锥斜截时的截交线画法

2. 求截断面实形（见图 2-25）

断面实形求法：

作图步骤：

（1）用辅助平面法求实形。将一辅助平面放置并垂直于 V 面（正面），让辅助平面投影轴平行于 $1'7'$，作 $1''7''$ 平行于 $1'7'$（见图 2-25a）。

（2）分别过 $1'$、$2'$、$3'$、…、$7'$ 点，作 $1'7'$ 的垂线，与 $1''7''$ 垂直相交且延长（见图 2-25b）。

（3）从俯视图中分别量取 a、b、c、d，在辅助投影面上相应的投影线上量取与 a、b、c、d 相等的长度，确定各点（见图 2-25c）。

（4）用平滑的曲线连接各点，便完成所求（见图 2-25d）。

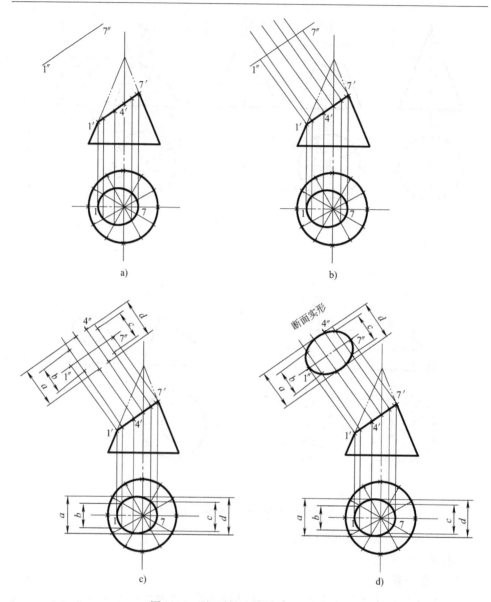

图2-25　平面斜切圆锥断面实形画法

二、相贯线

相贯线也是机器零件的一种表面交线，与截交线不同的是，相贯线不是由平面切割几何体形成的，而是由两个几何体互相贯穿产生的。零件表面的相贯线大都是由圆柱、圆锥、球面等回转体表面相交而成。相贯线有以下两个特性：

1）相贯线是互相贯穿的两个形体表面的共有线，也是两个相交形体的表面分界线；

2）由于形体占有一定的空间，所以，相贯线一般是闭合的空间曲线，有时则为平面曲线。

根据相贯线的两个特性，求相贯线表面的交线，实际上就是在两形体表面上找它们的公共点，将这些公共点顺次连接起来便构成了相贯线。

（一）表面取点法

【例8】　求异径直交三通管的相贯线（见图2-26）。

已知条件如图2-26所示。

分析：两相贯圆管轴线互相垂直，并且支管轴线垂直于水平投影面，主管轴线垂直于侧面投影面，因此，支管在水平投影面上积聚成一个圆，主管在侧投影面上积聚成一个圆。支管和主管上的点或线都积聚在俯视图和左视图上。根据相贯线的特性可知：相贯线的水平投影和支管断面重合积聚成圆；相贯线的侧面投影与主管左视图重合积聚成圆弧。另外，根据三视图的投影规律可知，相贯线的主视图和左

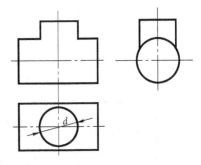

图2-26　异径圆管相贯

视图为已知，只有主视图上相贯线为待求，可通过在已知的主视图和左视图上找特殊点和引素线的方法求出另一投影。

作图步骤：

（1）分别在已知的俯视图和左视图上找特殊的点。在俯视图确定1、3两点，而点2是将圆弧13平分而得来的，即点2是圆弧13的中点。根据三视图投影规律中的俯、左视图——宽相等，在左视图上分别确定1″、2″、3″点（见图2-27a）。

（2）在俯视图上分别过1、2、3点向主视图引素线；再在左视图上过1″、2″、3″各点向主视图上引素线；从俯、左视图向主视图引的素线在主视图上分别相交于1′、2′、3′点（见图2-27b）。

（3）用平滑曲线顺次连接1′2′3′2′1′（见图2-27c）。

（4）擦去相关的辅助线、符号及数字，即完成所求（见图2-27d）。

说明：在俯视图支管投影上的等分点越多，在左视图和主视图上的投影点就会越多，这样所作出的相贯线就会越精确。

从以上求相贯线的作图方法可以看出，主视图上的相贯线是通过在俯视图和左视图中的积聚性求得的。为简化作图过程，一般现场求异径三通相贯线不画俯、左两视图，而是在主视图中画出支管断面半圆周并作若干等分取代俯视图，同时在主管的任意端面画出两管同心断面，再分支管断面为相同等份，将各等分点按

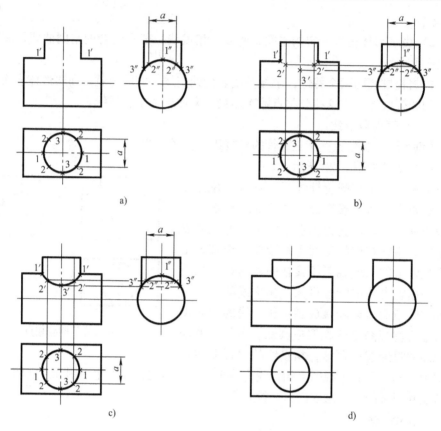

图 2-27 异径圆管相贯线的画法

主视图支管断面等分点掉转90°，投至主管断面圆周上，取代"俯、左视图——宽相等"的投影关系，从而简化了作图过程。

△ 作图步骤：

（1）将图 2-26 中的主视图拿过来，以 O_1 为圆心，以 $\frac{d}{2}$ 为半径画支管断面半圆，并将半圆四等分，确定 1、2、3 点（见图 2-28a）。

（2）以 O_2 为圆心，以 $\frac{d}{2}$ 为半径画半圆，并将半圆四等分（相当于将支管断面半圆向右下方旋转90°），确定 1、2、3 点；以 O_2 为圆心，以主管半径为半径画主管断面半圆（见图 2-28b）。

（3）在主管上，分别过小半圆的 2、3 点作主管轴线的垂线，交于主管断面半圆的 2″、3″点（见图 2-28c）。

（4）过主管断面半圆的 1″、2″、3″点作主管轴线的平行线与过支管断面半圆的 1、2、3 点作支管轴线的平行线相交于 1′、2′、3′、2′、1′点（见图 2-28d）。

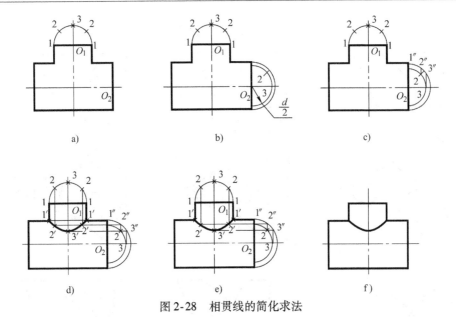

图 2-28　相贯线的简化求法

（5）用平滑曲线连接 $1'2'3'2'1'$ 点（见图 2-28e）。

（6）擦去辅助线、数字和符号，即完成所求（见图 2-28f）。

说明：在主管和支管的断面半圆上的等分点越多，最后画出的相贯线越精确。

【例9】　求断面渐缩四通管的相贯线。

分析：从图 2-29a 中的俯视图可以看出，图中所表示的是三个相同的斜圆锥管所组成的渐缩四通管。每个支管是由相交两截平面截切斜圆锥的截体，三个支管的高度相同，轴线互成 120°角，底圆重合且平行于水平面（也就是说每个支锥管的底圆是相等的，当三支锥管通过切削按要求组合一起时，三支锥管共用一个底圆），相贯线为空间曲线，水平投影为三条按 120°角分布会交于一点（和底圆圆心相积聚为一点）的直线。相贯线的最低点在斜圆锥管的底圆周上，拐点为三线会交点。最高点待求。因三锥管水平投影相贯线为已知，可利用在三支管表面上引素线的方法确定相应各点求出正面投影。

A 作图步骤：

这里先将右支管的相贯线求出来，然后再求左侧支管相贯线。为研究问题方便，在主视图上假想把对着我们这面的左侧支管拿走，这样就露出了它们相贯的接茬了，便于画图。

（1）用已知尺寸画出渐缩四通管的俯视图和主视图的轮廓线（见图2-29a）。

说明：实际情况下都给定尺寸，而这里没有给定尺寸，主要是为了讲明作图方法。

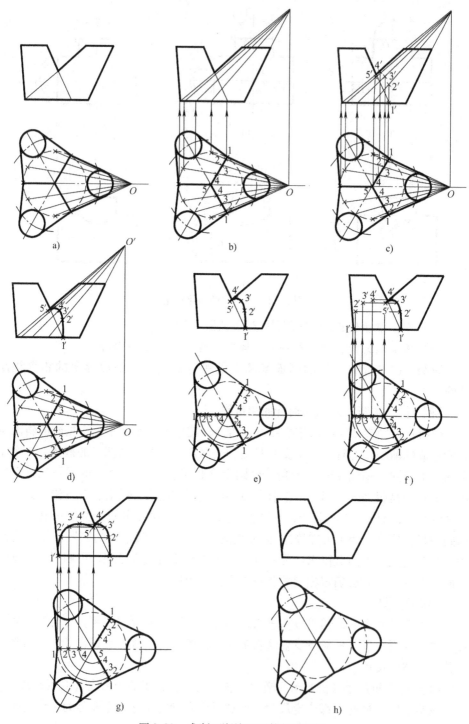

图 2-29 求断面渐缩四通管的相贯线

（2）十二等分俯视图锥管底圆，过 $\frac{2}{3}$ 圆周等分点向 O 连素线（见图 2-29a）。

说明：为所求相贯线精确，可以多引素线。也就是说可将底圆等分得更多，也可以任意确定等分点，但通过各点所引素线必须通过右支管相贯线。

（3）将主视图上右支管相应素线画出来。方法是：根据主、俯视图——长对正，通过俯视图底圆各等分点向上引垂线，交于主视图底圆上，再过主视图底圆引线交点向 O' 引素线；同时在俯视图上也将所引素线与相贯线的交点序号标注上了，即 1、2、3、4、5 点（见图 2-29b）。

说明：为画图方便，特将确定主视图素线时所引的上垂线擦掉（见图 2-29c）。

（4）根据主、俯视图——长对正，过俯视图的 1、2、3、4、5 点向上引垂线，分别交于主视图所引素线的 1′、2′、3′、4′、5′ 点（见图 2-29c）。

（5）在主视图上，用平滑曲线连接 1′、2′、3′、4′、5′ 点，并擦去向上投影所引的垂直素线，即完成右支管相贯线的投影（见图 2-29d）。

（6）在俯视图上，以点 5 为圆心，分别以 25、35、45 为半径画弧，交于左支管水平相贯线于 2、3、4 点，（1 点和 5 点在底圆边上和拐点上）（见图 2-29e）。

说明：从图中可以看到，左支管的一侧相贯线和右支管相接触，因此，使左支管另一侧相贯线上的点和前一侧相同，这样便于作图。

（7）在俯视图上，过左支管水平相贯线上 1、2、3、4、5 点向主视图引垂线，和由主视图右支管上的 1′、2′、3′、4′、5′ 点所引水平线相交于 1′、2′、3′、4′、5′ 点（见图 2-29f）。

说明：由于三锥管的相贯线的水平投影对称和线上各对称点的正面投影高度相等，便可根据已求出相贯线的正面投影（右侧曲线），求出左侧两支管相贯线的正面投影（左侧曲线）。

（8）在主视图左支管上，用平滑曲线连接 1′、2′、3′、4′、5′ 点，则左支管相贯线就画出来了（见图 2-29g）。

说明：此线为平面曲线，主视图反映实长，因这条曲线平行于 V 面。

（9）擦去多余的图线，即完成所求（见图 2-29h）。

（二）辅助平面法

【例 10】　求作圆柱与圆锥台正交时的相贯线。

已知条件如图 2-30a 所示。

分析：从图 2-30a 中可以看出，圆柱与圆锥台的轴线正交，且平行于 V 面，其相贯线为封闭的空间曲线，前、后对称。由于圆柱的轴线垂直于侧投影面，因此，相贯线的侧面投影与圆柱面的侧面投影重合为一段圆弧。所以需要求出相贯线的正面投影和水平投影。

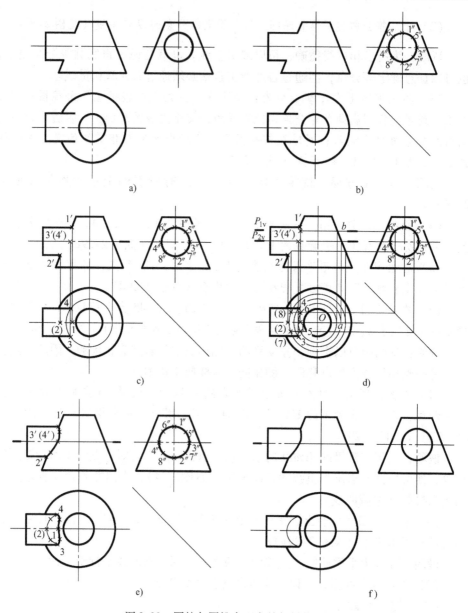

图 2-30 圆柱与圆锥台正交的相贯线画法

这里我们要借助于用假想的平面将柱、台相交体一层一层地切开，在每切开的一层上都会有圆柱与圆台的交点，然后把这些交点连接起来，就构成了圆柱与圆台的相贯线。

⚒ **作图步骤：**

（1）在左视图上将圆柱与圆台相贯线八等分（见图 2-30b）。

说明：等份越多，所画相贯线越精确。

（2）求出特殊位置点。从图中可以看出，在左视图上根据相贯线的最高点 1″和最低点 2″、最前点 3″和最后点 4″可求得正面投影 1′、2′、3′、（4′）和水平投影 1、（2）、3、4 点（图 2-30c）。

（3）求一般位置点。过 5″或 6″向左引平行线，交主视图圆台最右边素线上 b 点；过 b 点向俯视图引垂线交俯视图水平轴线上 a 点；以俯视图圆心 O 为圆心，以 Oa 为半径画纬线圆，按俯、左视图——宽相等，在俯视图上确定 5、6 点；（说明：我们可以把在俯视图上所画的纬线圆看作是将圆台沿纬线圆切削后拿走顶端所露出的平面。）过 5 点或 6 点向上引垂线与过 5″或 6″所引的水平线相交，得交点 5′（6′）点；同理，确定（7）、（8）两点和 7′、（8′）两点（见图 2-30d）。

说明：在 5″、6″这两点，假想用一平面 P_{1V} 将圆柱体与圆台体切开，在切开的平面上圆柱体与圆台体相交处就有两点，这两点在主、俯、左视图上分别是 5′、（6′）点、5、6 点和 5″、6″点。用同样的方法，在主、俯、左视图上可以得到 7′、（8′）点、（7）、（8）点和 7″、8″点。7、8 点的确定在图上没有画切割平面，主要是为了保持图面清晰，实际上我们也是用假想的平面进行了切割后而得到 7、8 点。

（4）在主视图和俯视图上顺次连接各点（见图 2-30e）。

（5）擦去辅助线，即完成所求（见图 2-30f）。

（三）相贯线的特殊情况

在一般情况下，两回转体的相贯线是空间曲线。但是，在一些特殊情况下，也可能是平面曲线或直线。这里仅举常见的一种。

当圆柱与圆柱、圆柱与圆锥轴线相交，并公切于一圆球时，相贯线为椭圆，该椭圆的正面投影为一直线段，水平面投影为类似形（圆或椭圆）（见图 2-31）。

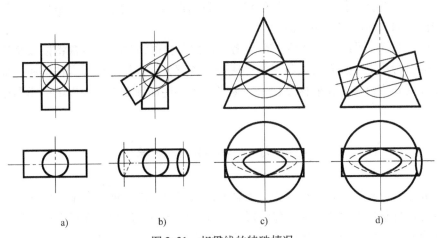

a)　　　　　b)　　　　　c)　　　　　d)

图 2-31　相贯线的特殊情况

第三章　看图下料

本章将列举一些比较常见的下料的例子，详细讲解下料的方法、过程及遵循的规律。为更好地学习和掌握下料相关知识，在这里向读者提出如下学习方法和建议，仅供参考。

1. 要注意看图　下料的每一步都将用图表示出来，再加上相应的文字说明，更容易把问题看懂，便于掌握和操作。也就是说，读者在看完每一例子后，就可按所画的图形进行下料了。

2. 做模型　在看懂下料步骤和过程后，对每道例题都要用纸壳或厚纸做模型，这样可以检验自己掌握的程度，从中也可以发现自己的不足之处，以利于学习、巩固和提高。这里要特别强调一下，在实际生产下料中，希望读者要先用纸壳进行下料，然后用纸壳组合成实物模型，在模型和实物相吻合的情况下，我们再把纸壳模型打开，把纸壳模型当做标尺，放到需下料的铁板（或其他金属材料）上，用画针按模型画下，然后把铁板（或其他金属板）裁切即可。

3. 掌握下料三大步骤

（1）画视图。在实际下料过程中，如果需要完成的下料有现成的图样，可按现成的图样进行下料；如果没有现成的图样，就应画图。画图要按三视图投影规律。本章将对从画图开始一直到下料的全过程进行讲解。

（2）求实长。请读者记住，在下料过程中，一定要把所下的料的实长求出来，按实长进行下料。有关实长的求法，我们在第二章的第五、六节中已经进行了较详细的讲解，实践中灵活把握。

（3）画下料图（展开图）。有的书中也把下料称为放样。本章将按钣金展开放样的平行线法、放射线法和三角形法进行讲解，并都用作图展开法解决，而不用计算展开法解决。在放样过程中，也可能有一些详细步骤，在以下的学习中会遇到。

第一节　放样法概述

钣金展开放样法有平行线法、放射线法和三角形法三种。所谓放样法，就是将金属板材制品表面全部或局部的形状，在纸面上或金属板上摊成平面图形的一种画图方法。比如把一个圆管从接口剪开放平成为一个长方图形，这个长方形就是圆管的展开图。再比如把一个直圆锥从接口剪开放平成一扇形，这个扇形图就是直圆锥的展开图。把这个长方形图或扇形图画在金属板上，按照图线留出必要的加工余量，再将其余部分剪去，就可用于现场下料。

金属板制品或构件形状千变万化，不都像上述两例那样简单。绘制简单制品的展开图，一般需要画出制品的主视图、俯视图或左视图。绘制复杂制品的展开图时，还需画出制品的辅助视图和较多的断面图。无论制品的外形如何复杂，都可用作图展开法或计算展开法解决。

第二节 板厚处理

什么叫做板厚处理？因为金属板制件本身有一定的厚度，它有里皮（制件内表面）、外皮（制件外表面）和板厚中心。板厚处理便成了下料之前必须解决的问题。如果解决不好这个问题，下料就要造成浪费。例如，在两节圆管接合线处，有的是以外皮接触，有的是以里皮接触，还有的以中心线接触，以哪个尺寸进行放样，才能使接合线处严丝合缝？解决这个问题的处理过程，就叫做板厚处理。

板厚处理与构件质量密切相关。当板厚 t 大于 1.5mm，构件尺寸又要求精确时，作展开图就应考虑板厚的影响，否则会使构件尺寸不准、质量差，甚至造成废品。为了消除这种影响，展开放样时必须对板厚进行处理，其处理方法如下：

（1）断面形状为曲线形构件的板厚处理。当板料弯曲时，外层材料受拉而伸长，内层材料受压而缩短。在拉伸与缩短之间存在着一个长度保持不变的纤维层，称为中性层。断面为曲线形构件的展开长度，以中性层为准，图 3-1 所示为圆筒展开周长的板厚处理。

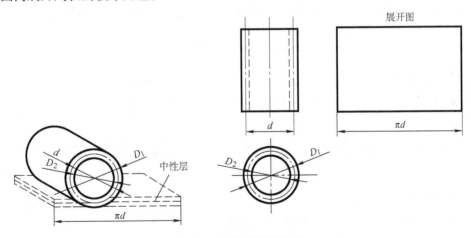

图 3-1 圆筒的板厚处理

在塑性弯曲过程中，中性层的位置与弯曲半径 r 和板厚 t 的比值有关。当 $\dfrac{r}{t} > 0.5$ 时，中性层接近于板厚正中，即与板厚中心层重合；当 $\dfrac{r}{t} \leq 5$ 时，中性层的位置靠近弯曲中心的内侧（见图3-2），而相对弯曲半径 $\dfrac{r}{t}$ 越小，则变形

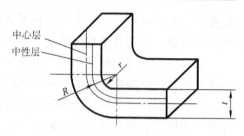

图3-2 圆弧弯板的中性层

程度越大，中性层离弯板内侧越近，这是由于塑性弯曲时，弯板厚度变小，其断面产生畸变的缘故。

中性层的位置可由下式计算：

$$R = r + kt$$

式中，R 是中性层半径（mm）；r 是弯曲内半径（mm）；t 是钢板厚度（mm）；k 是中性层位置系数，其值见表3-1。

表3-1 中性层位置系数

r/t	≤0.1	0.2	0.25	0.3	0.4	0.5	0.8	1.0	1.5	2.0	3.0	4.0	5.0	≥6.5
k	0.23	0.28	0.3	0.31	0.32	0.33	0.34	0.35	0.37	0.40	0.43	0.45	0.48	0.5
k_1	0.3	0.33	0.35			0.36	0.38	0.40	0.42	0.44	0.47	0.475	0.48	0.5

注：k——适于有压料情况的 V 形或 U 形压弯。

$\quad k_1$——适于无压料情况的 V 形压弯。

（2）断面形状为折线形状构件的板厚处理。图3-3所示为圆弧弯板，当弯板折成直角件时（$\dfrac{r}{t} = 0.5 \sim 0.6$），如按 $r = 0.5t$ 计算，此时弯板料长 L 为

$$L = a + b - 2r + \frac{\pi R}{2}$$

式中，$R = r + kt$。

查表3-1，取 $k = k_1 = 0.36$，将 R、k 代入上式得

$$L = a + b - 2 \times 0.5t + \frac{\pi}{2}(0.5t + 0.36t)$$

$$= a + b + 0.35t$$

设 $\Delta = 0.35t$，则 $L = a + b + \Delta$。

即按里口计算，折一个直角须加一个 Δ 值。

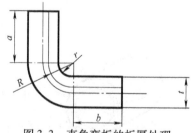

图3-3 直角弯板的板厚处理

上述理论也适用于钢板制成的折线形构件的板厚处理。图3-4所示为板材折成一槽，其料长 L 为

$$L = a + b + c + \frac{0.35t}{90°}(\alpha + \beta)$$

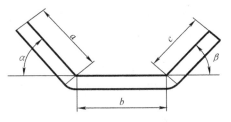

如果方管是由四块板料拼焊而成，则因拼接的情况不同而有不同的板厚处理方式。例如相对两块板料夹住另两块料时，则相邻两板的下料宽度就有所不同，一块应按里皮下料，一块应按外皮或板厚中心下料。这要在实际工作中根据具体情况作灵活恰当的板厚处理。

图 3-4　折板件的板厚处理

板厚处理除构件展开长度外，对不同的构件还有不同的处理要求，例如圆方过渡接头的高度处理以及相贯构件的接口等。这些问题将在以后具体构件展开中处理，不在这里集中论述。

第三节　平行线法下料

一、矩形方盒的下料

图 3-5 示出的是矩形方盒的立体图。图 3-6 是矩形方盒的主视图和俯视图。图中已知尺寸为 a、b。

从图中可以看出，四块侧板形状相同，都是矩形（长方形）。而上、下两块底板的形状也是相同的，都是正方形。因此，只作出一块侧板的展开图和一块底板的展开图即可。另一块底板则用已作完底板为标尺，在金属板上画完后裁剪即可。

侧面板展开图画法：侧面板的展开图与主视图相同，画出四块就是侧板的展开图（见图 3-7）。

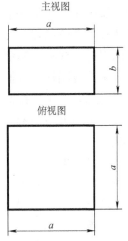

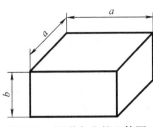

图 3-5　矩形方盒的立体图　　　图 3-6　矩形方盒的主视图和俯视图

上、下底板展开图画法：上、下底板的料板尺寸与俯视图相同。画出两块就是上、下底板的展开图（见图3-6中的俯视图）。

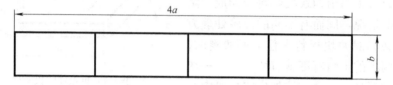

图3-7 矩形方盒的侧面板展开图

二、矩形吸气罩的下料（展开）

已知下口长为 CD，下口宽为 CE；上口长为 AB，上口宽为 BF；高为 H（见图3-8a）。

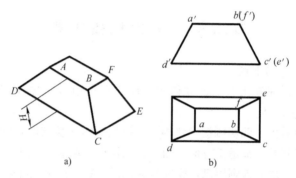

a)   b)

图3-8 矩形吸气罩的立体图和主、俯视图
a）立体图 b）主、俯视图

说明： 此例属于用三角形法下料，放到这里讲是便于和以下两例进行比较。此种下料方法比较适合薄铁板（或其他薄金属板）。图3-8有一立体图和三视图中的主视图和俯视图。根据实际情况，如果所要下的料有现成的图样，我们就可按图样下料；如果没有图样，我们就要先画图样，然后再按所画图样进行下料。本章在研究下料问题时，主要按画三视图、求实长（根据所画三视图求实长）、下料（画展开图）三大步骤进行。

作图步骤：

1. 画三视图 根据实际需要，只画主视图和俯视图就能满足要求了。按已知条件画主视图和俯视图（见图3-8b）。

2. 求实长 根据三视图投影规律，从所画视图可以看出，吸气罩的上口和下口都平行于水平面，因此，上口和下口在俯视图上的投影都反映实形，各边都反映实长，而唯独四个角上的斜棱不反映实长。为便于下料画图，在俯视图上的长侧面和两堵头侧面各引一条对角线（见图3-9a），但必须把所画的两条对角线和四个斜棱的实长求出来。具体求法如下：

（1）用直角三角形法求出 BD、BC、BE 的实长。我们借助主视图从上、下两口向右引线，这样吸气罩高度 H 就确定了（H 在主视图中反映实长）。

（2）分别从俯视图中量取 bc、be、bd，在主视图底边延长线上确定各段长度（见图3-9a）。

说明：我们可以这样理解，它就相当于把一个直角三角尺放到吸气罩一个角的位置，让它的一条边正好等于 bc，而另一条直角边等于吸气罩高度 H，那么三角形的斜边正好就是吸气罩四个角的斜棱实长。读者不妨做模型后试一试。

（3）分别连接 B_1C_1、B_1E_1、B_1D_1，则 B_1C_1、B_1E_1、B_1D_1 分别是吸气罩的四角斜棱、短对角线和长对角线实长。

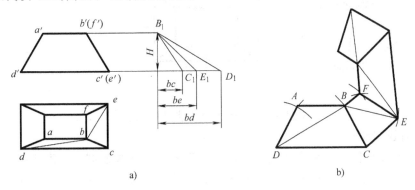

a)   b)

图3-9　矩形吸气罩的实长求法和下料图

3. 画下料图（画展开图）（见图3-9b）　按已知实长先将 $ABCD$ 这一面的实形图画出来。具体做法是

（1）画一直线 CD，然后分别以 C、D 为圆心，以 B_1D_1、B_1C_1 为半径画弧交于 A、B 两点。连接 AB、BC、AD 即完成 $ABCD$ 这一面的实形图。

（2）分别以 C、B 为圆心，以 CE、BF 为半径画弧与以 B、C 为圆心，以 B_1E_1 为半径画弧相交于 E、F 两点，分别连接 BF、CE、EF 即完成 $BCEF$ 面（即小侧面板的）实形图。

（3）用同样方法画出后侧面和左侧面的实形图，即完成吸气罩的下料图。

三、长方形台的下料（展开）

已知长方形台的底口最外端长度为 A，宽度为 C；上口长度为 B，宽度为 D；高为 H，板厚为 t（见图3-10）。

长方形台是由四块梯形板料拼接而成（一般用厚板制作矩形台用此下料方法下料），其中相对两块大小相同，相邻两块不同。下料图只需作出相邻两块即可。长方形台是通过四块板料的里皮斜棱相接触后，焊合而成，因此在对接中会自然形成坡口。

注意：这里要提醒读者在看图过程中要注意字母所标的位置及含义，还要看俯视图和主视图的长对正的位置和关系。俯视图是以矩形台的里皮为准画出的。

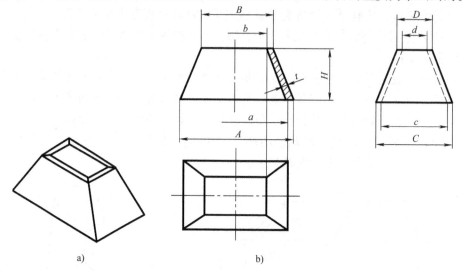

图 3-10　长方形台的立体图和三视图

△ **作图步骤：**

1. **画三视图**　如果有现成图样，就不用画了，如果没有，可用已知条件按三视图投影规律进行画图。主视图采用了半剖视图画出，主要是为了体现板厚（见图 3-10）。

2. **求实长**（见图 3-11）　为清晰起见，我们把梯形板实长分开求，即先把长梯形板实长求出来，然后再把短梯形实长求出来。

从三视图的主视图中可以看出，长方形的上、下口长分别是 B、A，等于实长；小梯形侧板的高度为 f（实长）。

俯视图是长方形台的里皮的投影，上、下口里皮的投影分别反映实形，上口长是 b（实长），下口长是 a（实长），宽分别是 d（实长）、c（实长）。

左视图中 h（实长）表示的是长梯形的高，短梯形的上、下口宽分别是 d（实长）、c（实长）。

3. **画下料图（展开图）**　先画长梯形下料图。为画图方便，借助三视图中的俯视图来画。先画梯形的下底边长，然后再确定上、下底之间的高度 h，再画上底长，分别连接梯形的腰，这样一块长梯形板的料就下完了（见图 3-11 中的前、后板下料图）；拿此料板样当尺，放到金属板材上，用画针照样描画下来，另一块梯形板也出来了。同理，确定小梯形板的高度 f，也可把两块侧板的料下完（见图 3-11 中的侧板下料图）。

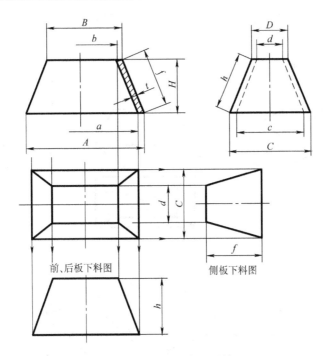

图 3-11　长方形台的下料

四、矩形渐缩管的下料（展开）

分析：根据立体图所给尺寸画主、俯视图（见图 3-12b）。从主、俯视图可以看出，渐缩管的上、下口两个平面都平行于水平面，因此上、下口均反映实形，上、下口的长、宽都是实长（实际长度），而唯独四个斜棱无论是在主视图上，还是在俯视图上都不反映实长，因为它既不平行于 V 面，也不平行于 H 面，需要求出。这里要请读者注意，我们可以把此矩形渐缩管看做是由一个矩形四棱锥切去一块后所形成的，因此四个斜棱延伸后定会交于一点 S。此例属于放射线法下料的一种，放到此处是便于和前两问题进行比较。

◈ 作图步骤：

1. 画三视图　根据立体图和所给尺寸画主、俯视图（见图 3-12b）。

2. 求棱线实长（见图 3-12b）　用直角三角形法求实长。为研究问题方便，借助主视图来求棱线实长。

以 sa 之长作水平线 OA_0，作铅垂线 OS_0 等于四棱锥高 H。S_0A_0 即为棱线 SA 的实长。在俯视图上量取 ea，画到 OA_0 上，再过 ea 的一端点作垂线 H_0 交 S_0A_0 于点 E_0。

3. 画下料图（见图 3-12c）　以棱线和底边的实长依次作出三角形 SAB、SBC、SCD、SDA，得四棱锥的下料图；再在各棱线上截去延长的棱线的实长，得 E、F、…、H 等各点；顺次连接，即得这个矩形渐缩管的下料（展开）图。

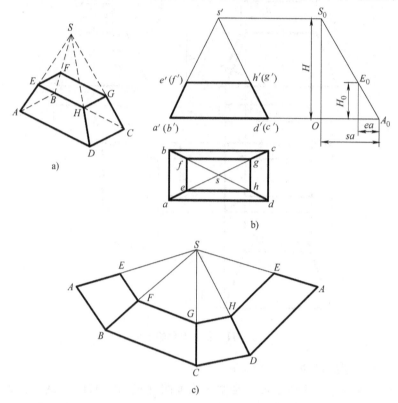

图 3-12 矩形渐缩管的下料

五、斜切矩形管的下料（展开）

已知斜切矩形管长 M、宽 N、前板高为 L、后板高为 P。

作图步骤：

1. 画三视图 根据立体图所给尺寸画主、俯视图（见图 3-13）。

2. 求实长 从主、俯视图可以看出，俯视图反映棱柱管的长与宽，即 M 与 N，而且均反映实长；主视图主要反映棱柱管的高度，前、后板高度 L 与 P 均反映实长。

3. 画下料图（见图 3-13） 为画图方便，我们可以借助主视图来画下料图。将立体图以 AE 棱为起点，按逆时针方向展开。

（1）先画出棱柱底面和边的长。以主视图的底边为起点向右引一条线，从中确定一点 E；以 E 点为起点，根据所给尺寸分别量取 EF、FG、GH、HE，从而确定了 E、F、G、H、E 各点。

（2）过 E、F、G、H、E 各点向上引垂线。

（3）按展开顺序，分别过 a'、b'、c'、d'、a' 向右引平行线，分别交于 A、B、C、D、A 点，连接 A、B、C、D、A 各点，即完成所求。

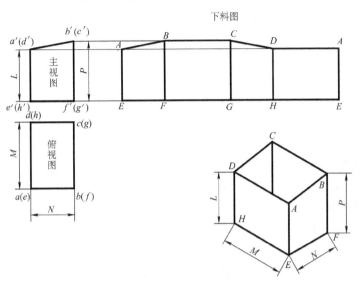

图 3-13　斜切矩形管的下料（展开）

六、方管两节 90°弯头的下料（展开）

已知方管的外皮尺寸 A、里皮尺寸 a、板厚 t，方管的长度和高度均为 H。

作图步骤:

1. 画相应视图　根据所给尺寸和下料需要，画主视图和断面图（见图 3-14）。

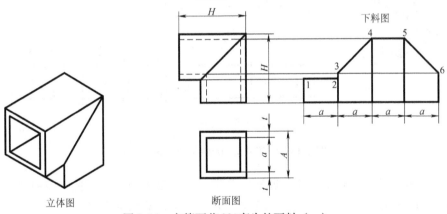

图 3-14　方管两节 90°弯头的下料（一）

2. 求实长　从主视图和断面图中可以看出，主视图反映方管的高度实长；断面图反映方管的方口各棱实长。

3. 画下料图　为画图方便，借助主视图来画。

板厚处理：下料周长按断面里口尺寸；左侧板高度按外皮尺寸；右侧板按里皮接触尺寸。

(1) 过主视图右方管下端面向右引一条直线，并在直线上将右方管展开，即在所引出直线上确定一点为起点，连续量取4段长度为 a 的线段（见图3-14）。

(2) 过线段各端点向上引垂线，与从主视图里皮和外皮向右所引的平行线相交于1、2、3、4、5、6点。

注意从主视图的里皮、外皮向右所引的直线的出处和从下料图的各段端点向上所引垂线相交的位置。

(3) 分别连接各点，即完成所求。

七、方管两节90°弯头的另一种下料方法

图中已知尺寸为 H、t、a、b。

Α 作图步骤：

1. 画主视图和断面图（见图3-15）

2. 求实长 因为将弯管侧面方向的投影作为主视图，并且主视图上的投影平行于 V 面（正面），所以，V 面投影反映实长；由于弯管断面平行于 H 面（水平面），所以，弯管断面图投影反映实长。

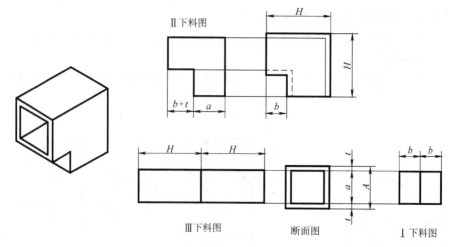

图3-15 方管两节90°弯头的下料（二）

3. 画下料图 分Ⅰ、Ⅱ、Ⅲ三部分下料，以里皮下料，下完料后将上、下侧板分别弯成90°，然后和前后板都以里皮相组对进行组合焊接。

(1) 下侧板的下料。借助于断面图，确定宽窄和长短（见图3-15Ⅰ）。注意图上尺出处、标注位置及从断面上所引的引出线的来源。

(2) 上侧板的下料。方法同下侧板下料（见图3-15Ⅲ）。

(3) 前、后板的下料（见图3-15Ⅱ）。前、后板的形状、大小一样，所以只画出一个下料图即可。借助主视图，从主视图的上横管的里皮向左引线，根据所给尺寸，即能画出下料图。注意：要明白下料图上所标尺寸的含义。

这样，就完成了整个弯管的下料过程。

八、凸五角星的下料（展开）

已知条件是半径 R 和高度 h。

分析：首先用已知尺寸把主视图和俯视图画出来，先画俯视图，后画主视图（见图3-16中箭头所指方向）。画主视图时要注意让五角星的一个角的凸起棱线平行于 V 面，这样这一棱线能反映实长，如主视图上的 R' 和 r' 都平行于 V 面，因此 R' 和 r' 就都反映实长。而在俯视图上五角星的角的边棱恰巧平行于 H 面，因此五角星的边棱也反映实长，即 a 反映实长。以 R' 为半径画一大圆，再用 r' 画一个与之同心的小圆；然后以五角星角的边长 a 为量取长度，以大圆上的任意点为起点，在大圆和小圆上量取各点；各点确定后，按量取顺序连接各点，便完成下料。

作图步骤：

1. 画主视图和俯视图　先用已知尺寸画出俯视图和主视图。由俯视图点1、3引上垂线与主视图得出交点与 O' 连线，得出 R'、r' 即画下料图的半径（见图3-16）。

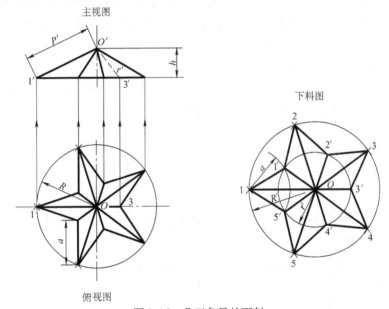

图 3-16　凸五角星的下料

2. 求实长　我们在分析中已介绍了下料时所需画圆的半径的求取方法，就是 R' 和 r' 两条棱线，这两条直线反映实长。

3. 画下料图

（1）以 O' 为圆心，分别以 R' 和 r' 为半径，画两同心圆（见图3-16）。

（2）以点1为圆心，以 a 为半径画弧得 $1'$、$5'$。

（3）以点 $1'$ 为圆心，以 a 为半径画弧得点2；以2为圆心，以 a 为半径画弧得点 $2'$。

（4）用同样的方法顺次画圆弧求出3、3′，4、4′，5、5′；用直线分别连接1—1′、1′—2、2—2′、…、5′—1 即得下料图。

说明：为画图准确，可以把下料图中的大圆进行五等分，用所学过的圆内接五边形画法来等分大圆周。

九、圆管下料（展开）图的画法

作图步骤：

已知圆管直径为 d，高为 h。

1. 根据立体图画主视图和断面图（见图3-17a）

2. 求实长　主视图上 h 反映圆管的高度实长。d 是圆管的实际直径，所以可以把圆断面周长求出来，即

$$圆的周长 = \pi d = 3.14d$$

3. 利用已知条件并用长方形的作法将下料图画出来（见图3-17a）

注意：在下料图上确定三条基准线是必要的，在钢板上实际下料时，需将两端基准点作标记（打三个冲点），在管道安装时就以下料基准线为基准组成若干节管道。三条基准线的确定方法如下：

（1）将下料图的上边或下边四等分。即以下料图上边的两端点中任取一端点为起点（这里以左端点 A 为起点）画一条线 AB，然后将此线进行四等分（等分线段长度任意确定），确定等分点（见图3-17b），将此线上所确定的最后一点与下料图另一端点 C 连接起来，并过其他三点作 BC 的平行线，分别和下料图上边相交，得交点，这样下料图上边就被四等分了（见图3-17b）。

（2）用点画线过下料图上边各等分点分别向下引垂线交于下料图下边（见图3-17c）。

（3）擦去多余的辅助线，即完成三条基准线的确定（见图3-17d）。

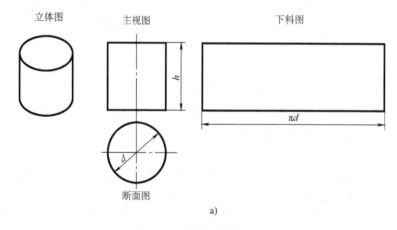

图3-17　圆管下料图画法

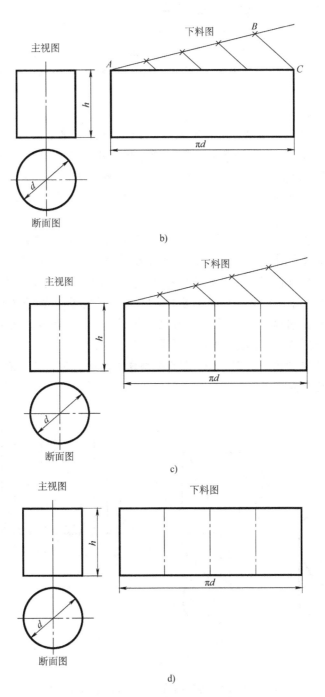

图 3-17 圆管下料图画法（续）

十、两节等径圆管直角弯头的下料（展开）

已知圆管直径为 d，高为 h（见图3-18a）。

两节等径直角弯头可视为截平面与圆管轴线成45°相交后组成（见图3-18a）。斜口为椭圆，其展开为正弦曲线。作弯头的下料，实质就是作斜口（结合线）曲线的展开。

△ 作图步骤：

1. 根据立体图画主视图和断面图（见图3-18） 将断面图十二等分，等分点如图3-18a所示（等分份数越多下料图上的曲线就越精确）。通过断面图上的1、2、…、7点向上引垂线，交两节圆管的接口线于1′、2′、…、7′点。

2. 求实长 根据已知条件可知，弯头的高 h 和断面直径 d 均反映实长。

3. 画下料图

（1）借助主视图，从立弯管的底端向右引出一条线，并在引出线上确定出和圆管弯头周长相等的一段线段，并将此线段进行十二等分（注意：一定要和断面图上的等分数目相等，大家可以看到，在断面图上只是把圆周的一半进行了六等分，而另一半的六等分没有画出来，其实，是将整个圆周进行了十二等分，为避免向主视图引垂线造成混乱，所以只留了一半），等分点为4、5、6、…、2、3、4，过这些点分别向上引垂线（见图3-18a）。

（2）过主视图的1′、2′、…、7′点分别向右引平行线，与下料图中向上所引垂线相交，得交点。

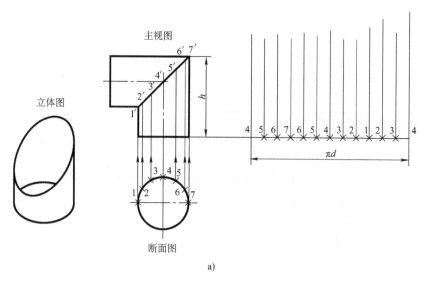

a)

图3-18 两节等径圆管直角弯头的下料（展开）

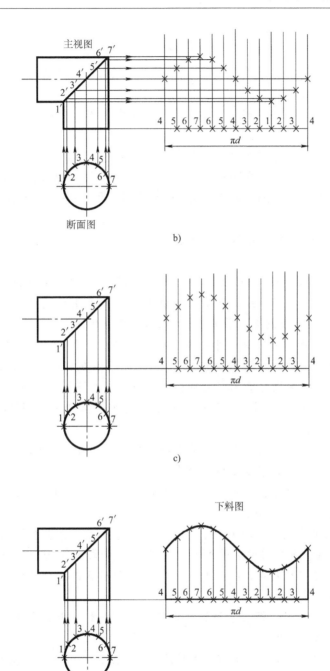

图 3-18 两节等径圆管直角弯头的下料（展开）（续）

注意：所引平行线与下料图所引垂线相交原则是"点对点，线对线"。比如，从主视图上的点 2′向右所引的平行线与下料图上过点 2 向上所引的垂线相交得交点，可以看出，在下料图上有两个点 2，与这两个点 2 所引的垂线相交得两个交点（见图 3-18b）。

（3）为更清晰看见所确定的各个点，将从主视图所引的平行线擦掉（见图 3-18c）。

（4）用平滑的曲线连接各点，即完成所求（见图 3-18d）。

以上这种直接借助主视图和断面图进行下料的方法叫做放样法下料。还有一种既准确又缩短放样时间的方法叫做小圆法下料。我们用一例子说明小圆法下料的方法。

将上一例的轴测图和主视图拿过来为例（见图 3-19a）。

作图步骤：

（1）确定小圆半径 r。如图 3-19b 所示，过弯管交线的顶点和底点及中点 O 向右引平行线，所引平行线必须垂直于轴线 Oa，则两平行线之间距离便是小圆半径 r，即 r 是接合线的上、下两点距中心线的垂直距离。

（2）确定小圆圆心，并画小半圆。如图 3-19c 所示，按上例中所给已知条件，画一长方形，这一长方形的长等于 πd，宽等于 h。从主视图上可以看出，小圆圆心正是弯管的两直管相交后的交线中点，即小圆圆心距立管底面高为 b。按这一尺寸，在长方形图中以底边为基准确定小圆圆心 O_1，并以 r 为半径画半圆。

（3）等分半圆及长方形底边。分别将半圆和长方形底边进行六等分和十二等分，并标上相应的数字（见图 3-19d）。

说明：等分份数越多，最后下料所画曲线越精确，为研究问题方便，本部分内容最多只等分了 12 等份。

（4）过长方形底边上的 4、5、6、…、2、3、4 点向上引垂线与过半圆上的 1、2、…、6 点向右所引的水平线相交确定交点（见图 3-19e）。注意：两线相交的特点仍然是"点对点，线对线"。如半圆上过点 3 的线必须和长方形上过点 3 所引的线相交得交点。

（5）为便于看清，擦去水平线和垂直线。用平滑的曲线连接所得交点，即完成所求（见图 3-19f）。

如果做一厚板弯头，必须进行板厚处理，如图 3-20b 所示，弯头轴线以右部分为里皮接触，下料曲线以内径为准确定；轴线以左部分为外皮接触，下料曲线以外径为准确定；而在 O 点处里皮、外皮和中心层同时接触。因此，弯头轴线以右部分的接合点，即为断面图的里皮等分点，弯头轴线以左部分的接合点，为断面图的外皮等分点。

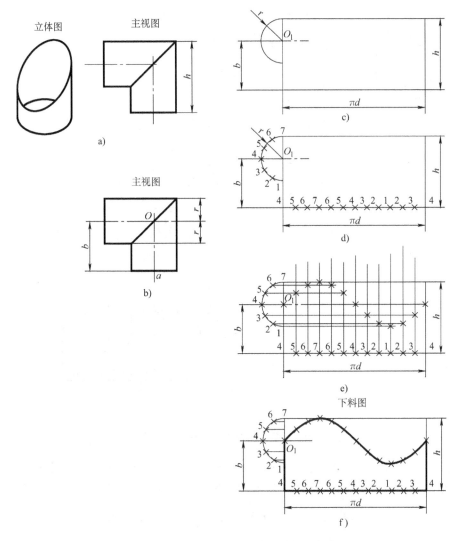

图 3-19 用小圆法给两节等径直角弯头的下料（展开）

作图步骤：

（1）画主视图和断面图（见图 3-20b）。将主视图进行了局部剖，以体现管的壁厚。

（2）求小圆半径（见图 3-20b）。分别过接合线的两端点和接合线与管轴线相交点 O 作垂直于轴线的平行线，分上、中、下三条平行线，上平行线和中平行线之间距离用 r 表示，从而确定了一个小圆半径；中平行线与下平行线之间距离用 R 表示，又确定了一个小圆半径。显然，两小圆半径 R 和 r 是不相等的。原因是：弯头轴线以右部分以内径为准进行下料，弯头以左部分以外径为准进行下料。

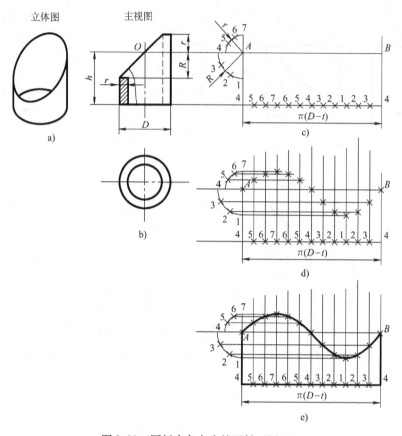

图3-20 厚板直角弯头的下料（展开）

（3）画下料图（展开图）。以 $\pi(D-t)$ 为长，以 h 为高作一长方形 $44AB$，并对其长 44 作十二等分，等分点为 4、5、6、7、6、…、1、2、3、4（中线位置作接口）；以 A 点为中心，以 R、r 为半径画 $\frac{1}{4}$ 同心圆，并分别作三等分，等分点为 1、2、3、…、7（见图3-20c）。

（4）由两同心 $\frac{1}{4}$ 小圆上等分点向右引水平线，与圆管展开周长 44 线各点所引垂线对应相交得交点（见图3-20d）。

（5）用平滑曲线连接各交点，并将 $44BA$ 连接起来，即得所求（见图3-20e）。

十一、任意角度的两节圆管接头

已知尺寸：a、d、α。

可用两种方法进行下料：一种是放样法下料；另一种是小圆法下料。

（一）用放样法下料

△作图步骤：

（1）根据已知条件和立体图画主视图和断面图（见图 3-21）。

（2）将断面图中半圆分成 6 等份（可分若干等份，等份越多将来所下料的曲线就越精确），等分点依次是 1、2、…、7（见图 3-22a）。

（3）由半圆各等分点向上引与管中心轴线平行的平行线，并与接合线相交，得交点 1、2、…、7（见图 3-22a）。

（4）画矩形图，长度等于 πd，并在底边进行十二等分，等分点分别为 4、3、2、…、6、5、4（等分点越多越精确），过各点向上引底边的垂线（见图 3-22a）。

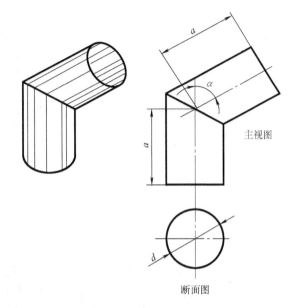

图 3-21　任意角度的两节圆管弯头的立体图和投影图

（5）由接合线各点向左引平行线与由矩形底边各点向上所引的垂线对应相交得各交点（见图 3-22b）。注意：一定要点对点、线对线相交。如在接合线上的点 5 向左引的水平线与矩形图上的两条由点 5 所引的线相交，得两个交点。

（6）在矩形图上用曲线平滑地连接各交点，并封闭矩形图，便完成所求（见图 3-22c）。

（二）用小圆法下料

△作图步骤：

（1）确定小圆半径（如图 3-23a）。方法可参见两节等径圆管直角弯头的下料（展开）中有关小圆半径的求法。

（2）画圆管展开图，长度为 πd，高度为 a，并在矩形底边上进行十二等分，等分点分别为 4、3、2、1、…、6、5、4；在距底边 a 处确定小圆圆心，以 r 为半径画小半圆，并进行六等分，等分点为 1、2、3、4、5、6、7（见图 3-23b）。

（3）过矩形底边各等分点向上作底边垂线，与过小圆等分点向右所引的水平线相交，确定交点（仍是点对点，线对线）（见图 3-23c）。

（4）用曲线平滑地连接各相交点，并封闭原矩形的其他三边，即完成所求（见图 3-23d）。

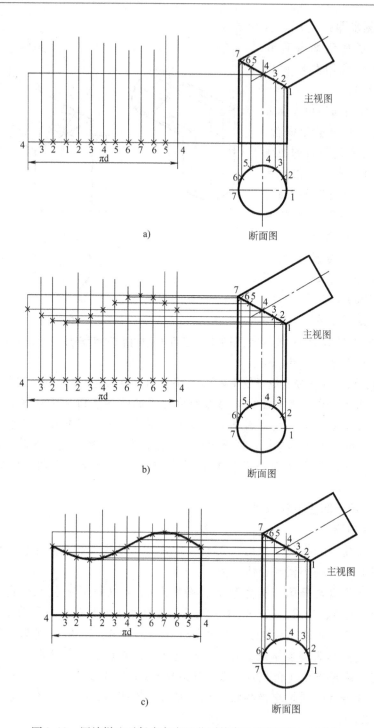

a)

b)

c)

图 3-22　用放样法对任意角度两节圆管弯头进行下料（展开）

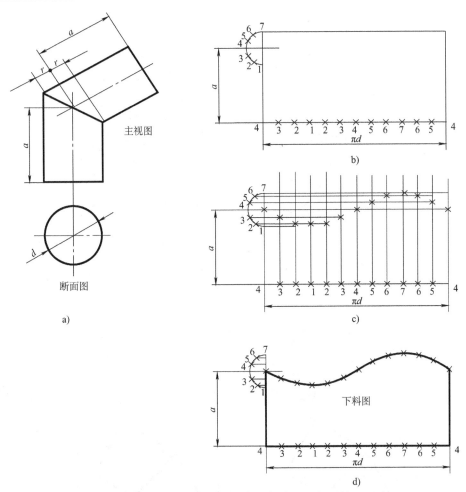

图 3-23　用小圆法对任意角度两节圆管弯头进行下料（展开）

十二、相等直径 60° 角的三节弯头的下料（展开）

已知尺寸为 D、t、H、h，弯曲半径为 R，按板厚处理进行下料。

说明：在实践中，这种类型的下料经常遇到，施工现场可能有现成的图样；如果没有现成的图样，就需要绘制图样。本题中没有现成图样。

△ **作图步骤：**

1. 绘制主视图和断面图

（1）如图 3-24a 所示。先画 $\angle a'O'c' = 60°$，并将 $\angle a'O'c'$ 进行二等分，角平分线为 $O'b'$；以 O' 为圆心，以 R 为半径画一圆弧，圆弧与 $O'c'$ 相交于 n' 点；然后以 n' 点为圆心，以 $\frac{D}{2}$ 为半径画弧确定 g'、q' 点；再以 n' 点为圆心，以 $\frac{D}{2} - t$ 为半径画弧确定 m'、p' 点；以 O' 点为圆心，分别以 $O'q'$、$O'p'$、$O'm'$、$O'g'$ 为半径画大圆弧。

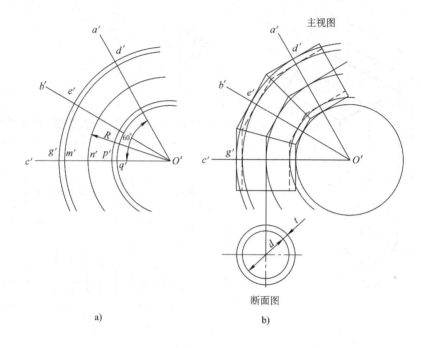

a)

主视图

断面图

b)

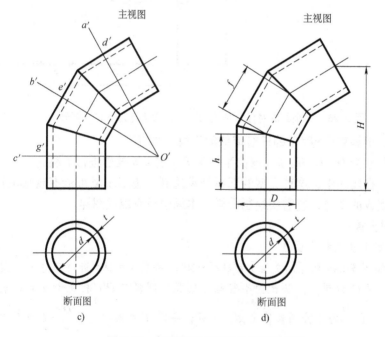

主视图

断面图

c)

主视图

断面图

d)

图 3-24 任意角度三节弯头视图的画法

（2）分别过中间圆弧、最左侧圆弧和最右侧圆弧与 $O'a'$、$O'b'$、$O'c'$ 的交点作 $O'a'$、$O'b'$、$O'c'$ 的垂线，用线分别连接垂线的交点，并根据 H 确定两端头的连线。根据投影规律画断面图（见图 3-24b）。

（3）如图 3-24c 所示，擦去所画圆弧，并描深管节接合线。

（4）擦去角度线及角平分线，并标注相应尺寸，即画出所需下料用图样（见图 3-24d）。

2. 求实长　从所画视图中可看出端节的高度 h、中间节的高度 f 以及弯头总的高度 H（三个高度均指中线高度）都反映实长（见图 3-24d）。

3. 画下料图　此弯头分三节，其中两端节是一样的，而中节两端都和端节接触，因此两端都要画曲线。先画中间节下料图，后画端节下料图。

（1）画中节下料图（见图 3-25）。

1）求小圆半径。如图 3-25a 所示，用厚板作弯头，涉及板厚处理问题。从图中可以看出，轴线以左部分两节弯头是以里皮相接触；轴线以右部分两节弯头是以外皮相接触；中间是里皮、外皮和中性层都接触。

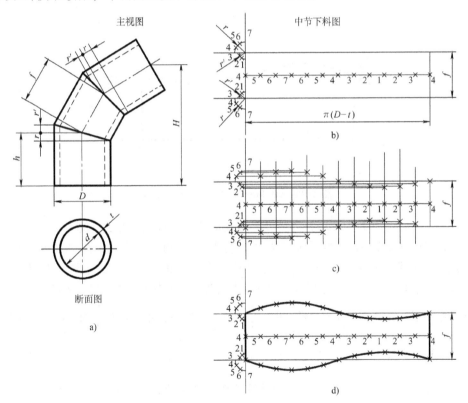

图 3-25　60°角三节弯头的下料

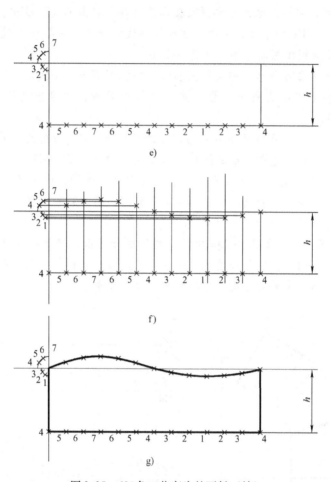

图 3-25 60°角三节弯头的下料（续）

2）分别过外皮、里皮和两节弯头轴线的交点作轴线的垂线，求得 r 和 r'。

3）画一长方形，长等于 $\pi\,(D-t)$，宽等于 f；过长方形宽边的中点作一平行于底边的直线，将其十二等分（等分份数越多越精确），等分点分别为 4、5、6、7、6、…、1、2、3、4；分别以长方形的左上角和左下角为圆心，以 r 和 r' 为半径将两小半圆画出，并将半径 r 和 r' 的两个 $\frac{1}{4}$ 圆进行三等分；左上角两 $\frac{1}{4}$ 圆的等分点为 7、6、5、4、3、2、1，左下角两 $\frac{1}{4}$ 圆的等分点为 1、2、3、4、5、6、7（见图 3-25b）。

注意：左上角和左下角 $\frac{1}{4}$ 圆的放置位置和等分的排列顺序是不一样的。

4）过长方形上各等分点作垂线与过上角、左下角 $\frac{1}{4}$ 小圆各等分点向右所引的水平线相交得交点（注意用"点对点，线对线"的原则来确定交点）（见图 3-25c）。

5）用曲线平滑连接各交点，并封闭两曲线，即完成所求（见图 3-25d）。

（2）画端节下料图（见图 3-25）。

1）画一长方形，长方形的长是 $\pi (D-t)$，宽是 h，并在长方形的底边上进行十二等分（等分数越多越精确），等分点为 4、5、6、7、6、…、1、2、3、4；以长方形的左上角为圆心，分别以 r 和 r' 为半径画 $\frac{1}{4}$ 小圆，并分别进行三等分，等分点为 7、6、5、4、3、2、1（见图 3-25e）。

2）分别过长方形各等分点向上引垂线与过小圆各等分点向右引水平线相交，得交点（注意要用"点对点、线对线"的原则去确定相交点）（见图 3-25f）。

3）用曲线平滑连接各交点，并将长方形的另三边也和曲线连接起来，便完成所求（见图 3-25g）。

十三、多节相等直径直角弯头的下料（展开）

多节等径直角弯头是由若干截体圆管组合而成，节数的划分是有一定规律的，通常由几何作图得出，即按两端节和多中节。其中两端节相同，端节为每一中节的一半，中间各节也都相同，见图 3-26f 所示的五节直角弯头。已知尺寸为圆管外径 D、板厚 t、弯头中心弯曲半径 R 及节数 5。

△ 作图步骤：

1. 画主视图

（1）先作一直角，以 O 为圆心，以 R 为半径画弧，交直角两边于 $1'$ 点和 $6'$ 点；将直角分成 4 等份，方法是：分别以 $1'$ 点和 $6'$ 点为圆心，以大于圆弧 $1'6'$ 一半的长度为半径画圆弧，两圆弧相交于一点，从 O 点和这一交点连一条线，并和圆弧相交得一交点 b'，这条线就把直角进行了二等分（见图 3-26a）。同理，分别以 $1'$ 和 b'、b' 和 $6'$ 为圆心，以大于弧长 $1'b'$ 一半的长度为半径画圆弧，分别得交点；从 O 点和这两交点连线，这两条线和圆弧相交分别得交点 a' 和 c'，这三条线就把直角进行了四等分（见图 3-26b）。

（2）以 O 为圆心，分别以 $R+\dfrac{D}{2}$、$R+\dfrac{D}{2}-t$、$R-\dfrac{D}{2}+t$、$R-\dfrac{D}{2}$ 为半径画圆弧（见图 3-26c）。

（3）分别过 $1'$、a'、b'、c'、$6'$ 点作直角等分线的垂线，这些垂线分别相交于 $1'$、$2'$、$3'$、$4'$、$5'$、$6'$ 点（见图 3-26d）。

（4）分别连接 $O2'$、$O3'$、$O4'$、$O5'$ 并延长；作直线 $1'2'$、$2'3'$、$3'4'$、$4'5'$、$5'6'$ 并与另四个圆弧相切的平行线，且两两切线相交得交点（见图 3-26e）。

（5）如图3-26f所示，连接各节轮廓线及节与节接合线，即画完主视图。

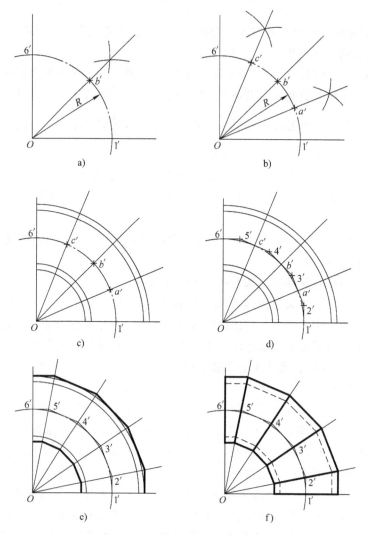

图3-26 等径五节直角弯头主视图的画法

2. 求实长 从主视图可以看出，D、R、t都反映实长。

3. 画下料图

（1）求小圆半径及每节轴线长度。如图3-27a所示，分别过d点（外皮）、2点、e点（里皮）向右作底端节轴线12的垂线，相邻两平行线之间的距离就是所求小圆半径r和r'。

注意：r和r'是不相等的，涉及板厚处理。从立体图3-27a中可以看出，轴线以左部分是外皮相接触，轴线以右部分是里皮相接触。

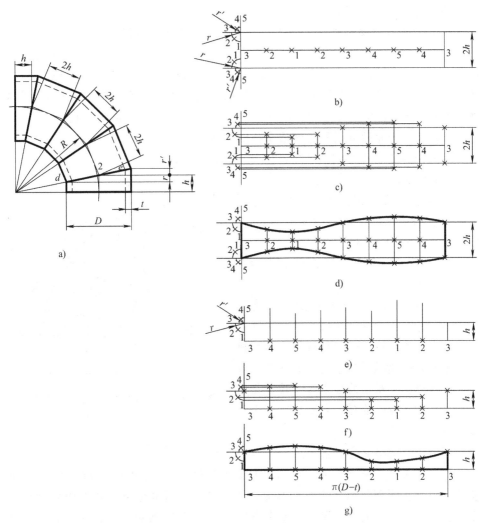

图 3-27　等径五节直角弯头下料

节与节中间轴线相交点与点之间的距离，即为每节轴线长度。

（2）画中节下料图。作一长方形，这个长方形的长为 $\pi(D-t)$，宽为 $2h$；过宽的中点画一水平线，并进行八等分，等分点分别为 3、2、1、2、3、4、5、4、3；分别以长方形左上角和左下角为圆心，以 r 和 r' 为半径画 $\frac{1}{4}$ 圆；将 $\frac{1}{4}$ 圆进行二等分，标上相应的顺序数字，如左上角的是从上往下标等分点数字为 5、4、3、2、1，而左下角标注的顺序则恰巧相反，原因是要注意外皮和里皮的位置（见图 3-27b）。

（3）过长方形各等分点分别向上、下作垂线与过小圆各等分点向右作的水平线相交得交点（见图3-27c）。

（4）用曲线平滑地连接各交点，即完成所求（见图3-27d）。

（5）画端节下料图。所画长方形长度仍然是 π（D−t），而宽度是 h；作法和画中节下料图一样，只是只画一侧曲线。在实际工作中，为节省材料，充分利用中节下料后板材所出现的下料曲线缺口，因此在端节下料中就要注意长方形的等分点序号的起止顺序，顺序为3、4、5、4、3、2、1、2、3（见图3-27e、f、g）。

十四、五节相等直径直角薄板弯头的下料（展开）

以五节直角弯头为例。已知管径 D，弯头半径 R。

作图步骤：

1. 画主视图　画主视图的方法与多节等径直角弯头的下料（展开）的绘图方法相同（见图3-28）

2. 求实长　已知条件和图中所标数据都反映实长。

3. 画下料图　从主视图上我们也可以看出，此弯头实际上是由一根金属管沿不同的角度横切成段，然后将相邻的两段互相错开180°对接而成。为下料方便，我们可以假想把主视图的各个管节再互相错开180°，把它变成直管，然后就可以用放样法进行下料了。

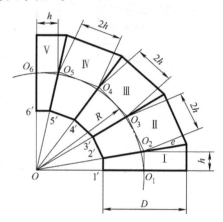

图3-28　等径五节直角薄板弯头主视图

下面我们就将它变成直管。

（1）画轴线，并确定 O_1 点。以 O_1 点和通过 O_1 点的横轴线为起点向上摆放各节。先将主视图下端节 I 摆到横轴线上，然后再将 II 拿来旋转180°放到 I 的上面，以此类推，III 节、IV 节、V 节都互相错开180°摆放起来，便把弯头直成"直管"了（见图3-29）。

（2）以 O_1 点为圆心，以 $\dfrac{D}{2}$ 为半径画半圆，此半圆就是圆管的断面图的一半，为画图和等分方便，所以未画出；将半圆进行四等分，等分点为1、2、3、4、5，过等分点引上垂线与各节接合线相交得交点。

（3）作一长方形。长方形的底边和圆管底边一个平面，上端和圆管上端一个平面，长为 πD，高为8h；将底边33进行八等分，得等分点为3、4、5、4、3、2、1、2、3点；过等分点向上作垂线交于上边。

（4）分别过圆管上各接合线上1、2、3、4、5点向右引平行线与长方形向上所引的垂线对应相交，得交点（注意：一定要点对点、线对线，即圆管接合线上的点 2 向右所引的线一定与长方形上的点 2 向上所引的线相交）。

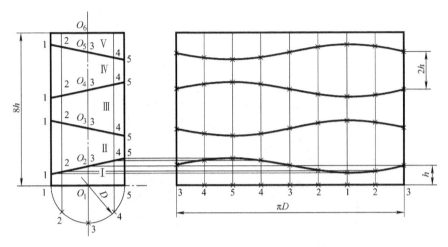

图 3-29 等径五节直角薄板弯头下料（展开）

（5）在长方形上用曲线平滑地连接各交点，便完成下料图。

说明： 此例也可以用小圆法进行下料，读者不妨一试。

十五、迂回成 90° 七节直角弯头的下料（展开）

迂回成 90° 七节直角弯头是由两组尺寸全等的四节直角弯头对接而成，其中一组调转 90°。弯头端节与中节下料法与多节等径直角弯头的下料相同，在此不作说明；中间连接管两端可看成两组弯头上、下端节结口错位 90°。图中已知尺寸为弯头中心半径 R、圆管外径 D、板厚 t 及节数 N。

A 作图步骤：

（1）以 R 为中心，在主、左两图所作直角线画出 $\frac{1}{4}$ 圆周，并按两端节和两中节，端节为中节 $\frac{1}{2}$ 画出分节线、各管轴线，再取 D、t 画出各节轮廓线，完成主、左两视图（见图 3-30）。

（2）在视图中经板厚处理得出辅助圆半径 r 及 r'（见图 3-30）。

（3）画连接管下料图。画一水平线 11（44）等于圆管展开周长 $\pi(D-t)$，并作十二等分（等分份数越多所画曲线就越精确），由等分点引垂线；上端以外皮为接口，$2h$ 为上、下端口中心距，以 r 及 r' 为半径画 $\frac{1}{4}$ 辅助圆，各作三等分；由等分点向右引水平线，与圆管展开周长等分点所作垂线对应交点连成曲线为上口展开；下端展开按上口展开错位 90°（周长三个等分）定等分点作图，即得下料图（见图 3-31）。

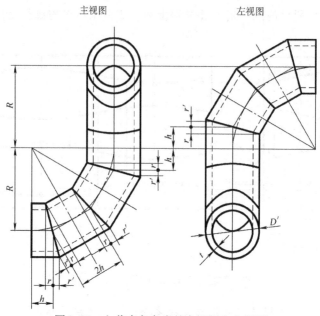

图3-30 七节直角弯头的主视图和左视图

说明：

1）请读者注意，在中间节下料图中，等分点分上下两排。上排等分点的顺序是1、2、3、…、3、2、1；下排等分点的顺序是4、3、2、…、6、5、4。这样上、下两曲线所形成的接口正好互错90°。上面曲线按上面等分点数字进行绘制；下面曲线按下面等分点数字进行绘制。

2）在实践中，也可以做出两个四节直角弯头，然后，按互错90°角将两个四节弯头对接，便形成迂回七节直角弯头。只是样式不太美观而已。

3）中间节可以根据实际需要加长，但两端曲线的画法不变。

十六、相等直径相等角度三通管的下料（展开）

等径圆管三通管接合线的投影为直线（见图3-32b）。我们先看三通管里的一个支管，是由管中心向不同的方向斜截两次，而弯头里的一节管是一端通过中心斜截一次，两者只是斜截一次和斜截二次的区别，但道理是相同的。所以我们可以根据弯头的下料原理和方法对三通管进行下料。本例用小圆法和放样法进行下料。

已知尺寸为R、D，且各支管中心线交角均为120°。

1. 用小圆法下料

作图步骤：

（1）画主视图　以R为半径画一圆；以圆心为起点画三条轴线，三条轴线的夹角互为120°，并和圆相交；分别过圆和轴线的交点作圆的三条切线，这三条直线长度都等于D，并且这三条直线的中点与圆和轴线的交点重合；分别过三

条切线的端点作轴线的平
行线，相邻两线相交得交
点；过两线交点与圆心连
线，便完成所求。三通管
中三个支管是相同的，我
们拿一只支管画下料图就
可以了。求小圆直径可参
考前面所讲过的小圆求法
（见图 3-32b）。

（2）求实长　已知条
件和主视图的投影长度均
反映实长。

（3）画下料图

1）借助主视图的一
节支管画一长方形，长方
形的长为 πD，高由支管
高度决定；将长方形上边
十二等分（说明：等分点
越多，所画曲线越精确），
等分点分别为 1、2、3、
4、3、…、3、2、1；以
长方形左上角点 1 为圆

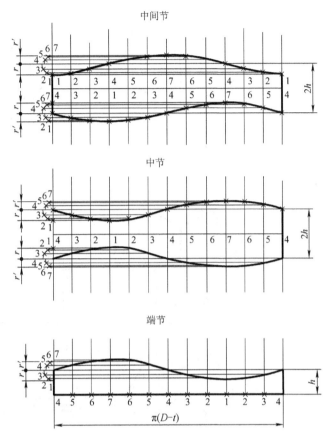

图 3-31　七节直角弯头的下料（展开）

心，以 r 为半径画 $\dfrac{1}{4}$ 圆，并进行三等分，等分点分别为 1、2、3、4（说明：等
分点越多，所画曲线越精确）（见图 3-32c）。

2）分别过小圆的等分点向右作水平线与过长方形等分点向下作的垂线相
交，得交点（注意：一定要点对点、线对线找交点）（见图 3-32d）。

3）用曲线平滑连接各交点，并用直线封闭其他三边，擦去辅助线，即完成
所求（见图 3-32e）。

2. 用放样法进行下料（见图 3-33）

为研究问题方便，我们将主视图中三通管中的一节拿来进行研究。这里关键
是绘制了一个断面图，并将断面图的半圆进行了六等分，等分点为 1、2、3、4、
5、6、7（说明：等分点越多，所画曲线越精确）；过断面图等分点向上引垂线
与主视图接合线相交得交点 1、2、3、4、5、6、7；然后与上面小圆法找交点的
步骤相同（注意：一定要点对点、线对线找交点）；最后完成下料曲线的绘制。

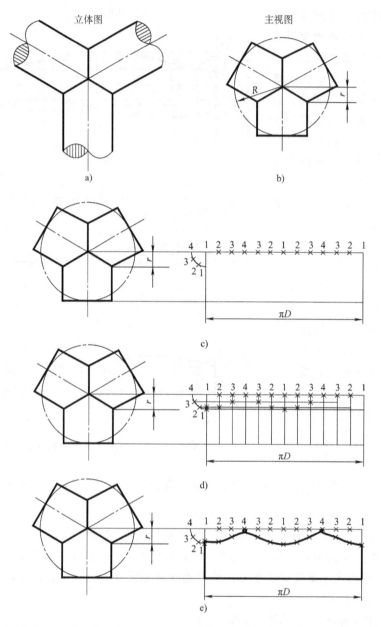

图 3-32 等径等角三通管的立体图、主视图和下料图（用小圆法下料）

注意：在下料图中等分点 4 处是个尖角，不要用圆弧曲线连接过去，否则三管对接时易出现漏孔。

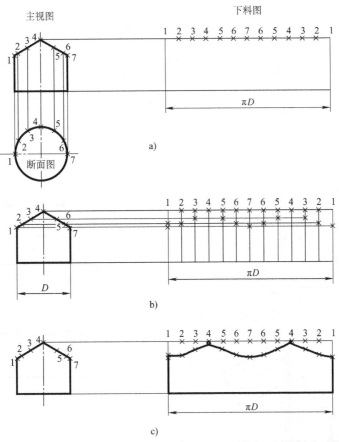

图3-33　等径等角三通管的主视图、断面图和下料图（用放样法下料）

十七、任意角度的相等直径三通管的下料（展开）

图3-34a 是任意角度的等径三通管的立体图。已知圆管直径 D、管 I 长 a，管 II 长 b 及任意角度 α。用放样法和小圆法画下料图。

作图步骤：

1. 画主视图　根据所给尺寸画主视图（见图3-34b）。

2. 求实长　主视图上所给尺寸均反映实长。

3. 画下料图　先用放样法画下料图（见图3-34d），画图步骤如下：

（1）借助主视图画下料图。画一断面图和管 I、管 II 下料用的长方形，长度均为 πD，宽度分别为 a、b；分别进行十二等分（断面图半圆进行六等分）（说明：等分份数越多，所画出来的下料图越精确）；长方形 I 和 II 的等分点分别为 1、2、3、4、3、…、3、2、1 和 7、6、5、…、5、6、7（说明：从主视图上可以看出管 I 只和管 II 的一半相接触，而在主视图上的等分点只有 1、2、3、4 点和管 I 相接触，长方形 I 上的等分点如图所示）。

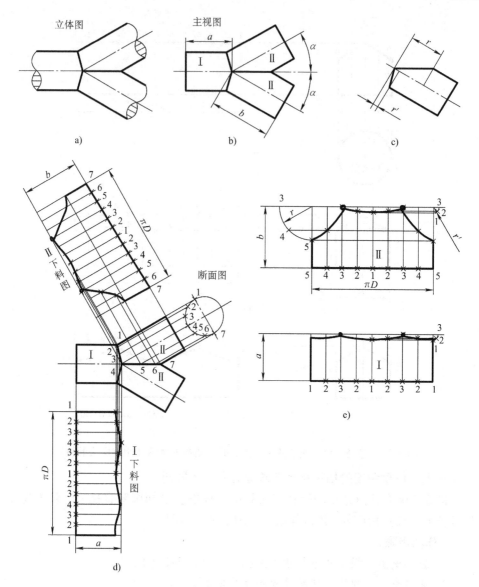

图 3-34 任意角度等径三通管的下料

（2）过断面图等分点作主视图轮廓线的平行线交管 I 和管 II 接合线于 1、2、3、4、5、6、7 点；过接合上等分点分别向长方形 I 和 II 作底边的平行线，与过长方形 I 和 II 等分点所作的平行线相交得交点。

（3）用曲线平滑连接长方形 I 和 II 各交点，并用直线将其他三边框画出，形成封闭图形，即完成所求。

注意： 在下料图 I 和 II 中等分点 4 处是个尖角，不要用圆弧曲线连接过去，否则三管对接时易出现漏孔。

用小圆法画下料图（见图3-34e）步骤如下：

（1）求小圆半径 r 和 r'（见图3-34c）。具体求法在前面和一些例子里已介绍过。

（2）画两个长方形，画管Ⅰ和管Ⅱ的下料图。长方形的长是 πD，宽度分别是 a 和 b。在下料图Ⅰ上以长方形右上角为圆心，以 r' 为半径画 $\frac{1}{4}$ 圆，并进行三等分；在下料图Ⅱ上以长方形右上角为圆心，以 r' 为半径画 $\frac{1}{4}$ 圆，并进行三等分；以长方形左上角为圆心，以 r 为半径画 $\frac{1}{4}$ 圆，并进行三等分；分别将两个长方形的底边进行八等分，图Ⅰ等分点为1、2、3、2、1、2、3、2、1，图Ⅱ等分点为5、4、3、2、1、2、3、4、5；过两长方形底边等分点向上引垂线与从小圆等分点向左或向右所引的水平线相交得交点。

（3）用曲线分别在图Ⅰ、图Ⅱ上平滑连接各交点，并将三面边框用直线连接，即形成封闭图形，便完成了管Ⅰ和管Ⅱ的下料图绘制。

注意： 下料图中等分点3处是尖角。

十八、等径直角三通管的下料（展开）

已知管的直径 D，管Ⅱ长 l，管Ⅰ高 h。

A 作图步骤：

1. 画主视图　根据所给条件画主视图。注意：主视图上接合线（相贯线）是直线，因为三通管直径相等（见图3-35）。

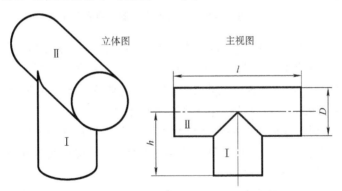

图3-35　相等直径直角三通管的立体图和主视图

2. 求实长　主视图上所标尺寸均反映实长。

3. 画下料（展开）图

（1）用放样法画下料图（见图3-36）

1) 在主视图管Ⅰ下画一断面图，并将其半圆周六等分，等分点依次为1、2、3、4、3、2、1；过断面图上等分点向主视图上引垂线和接合线相交于1、2、3、4、3、2、1点。

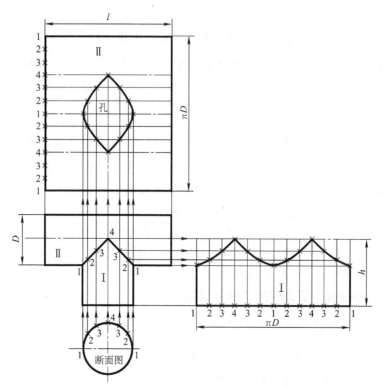

图3-36 相等直径直角三通管的主视图、断面图和下料图

2) 借助主视图分别画管Ⅰ和管Ⅱ的长方形图，两长方形的长均为 πD，宽分别为 h 和 l；将管Ⅰ和管Ⅱ分别进行十二等分，等分点如图所示；在管Ⅰ长方形中过各等分点向上引垂线；在管Ⅱ长方形中过各等分点向右引水平线（因所开的孔定在中间位置，所以两边等分线可省略不画）。

3) 过主视图接合线各等分点分别向右引水平线和长方形Ⅰ所引垂线对应相交得交点（注意：点对点，线对线，数字对数字）；过接合线各点向上引垂线与长方形Ⅱ所引等分线相交得交点。

4) 在长方形Ⅰ图和Ⅱ图上，用曲线平滑连接各交点，并将另三边用直线描深，即完成所求。

(2) 用小放样图下料（展开） 大家知道，在下料过程中，用小圆法比较简单，但在实际工作中还有更简单的方法，那就是用小放样图下料。这种下料方法就是制一把尺子，然后拿这把尺子在先准备好的下料板上进行量取并确定等分点，用曲线平滑连接各等分点，用直线连接其他三边，便完成下料。

注意：对用不同直径直角三通管进行下料时，要制不同的尺子。

1）制一小放样尺（见图3-37a）。方法是：画一小放样图，即以 O 为圆心，以 $\dfrac{D}{2}$ 为半径画 $\dfrac{1}{4}$ 圆弧；将圆弧进行三等分，等分点依次为 1、2、3、4 点。

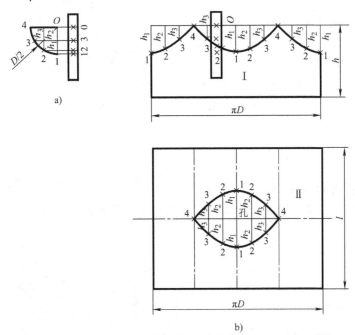

图 3-37　用小放样图法画相等直径直角三通管的下料（展开）图

然后拿一铁板条，垂直放到小样图右侧，过 4 点向右作水平线交铁板尺于 0 点，再分别过 1、2、3 点向右作水平线与铁板尺分别相交于 1、2、3 点（注意：原来铁板尺上没有这些点，而是我们现在作水平线后确定下来的），这样铁板上的刻度就确定下来了，小放样尺就做成了。

2）将长方形分别进行十二等分（说明：等分份数越多越精确，这里只进行了十二等分）。拿放样尺分别到长方形 I 和长方形 II 上量取，以放样尺的 0 点和长方形的一边对齐，并按各等分点在长方形上确定接合线上的交点，如图3-37b所示。放样尺已放到 I 上进行量取了。

3）连接各点，并将另三面直线描深，即完成下料图。

十九、直交三通补料管的下料（展开）

为减小通风排气的压力损失，常对直交三通管作补料处理。补料管为截体半圆管与三角形平面组合而成。这种补料管通常采用对称形式。

已知圆管半径、补料管半径均为 R，三角形平面高为 a。

A 作图步骤：

1. 画主视图和断面图（见图
3-38）　先用已知尺寸画出两管轴线
垂直相交于 O 点及轮廓线，由 O 左、
右引出45°线为补料管基线、中线，在
45°线上分别截取 a、R 作45°线垂线，
得与两管轴线和轮廓线交点，连成直
线得支管与补料管结合线。

2. 求实长　主视图中三角形为正
平面反映实形，作补料管下料时可照
录截取。

3. 用放样法画下料图（见图
3-39）

（1）把断面图半圆周进行六等
分，等分点为1、2、3、4、3、2、1，由等分点引素线到两管接合线交点。

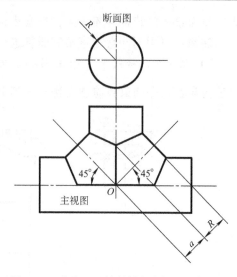

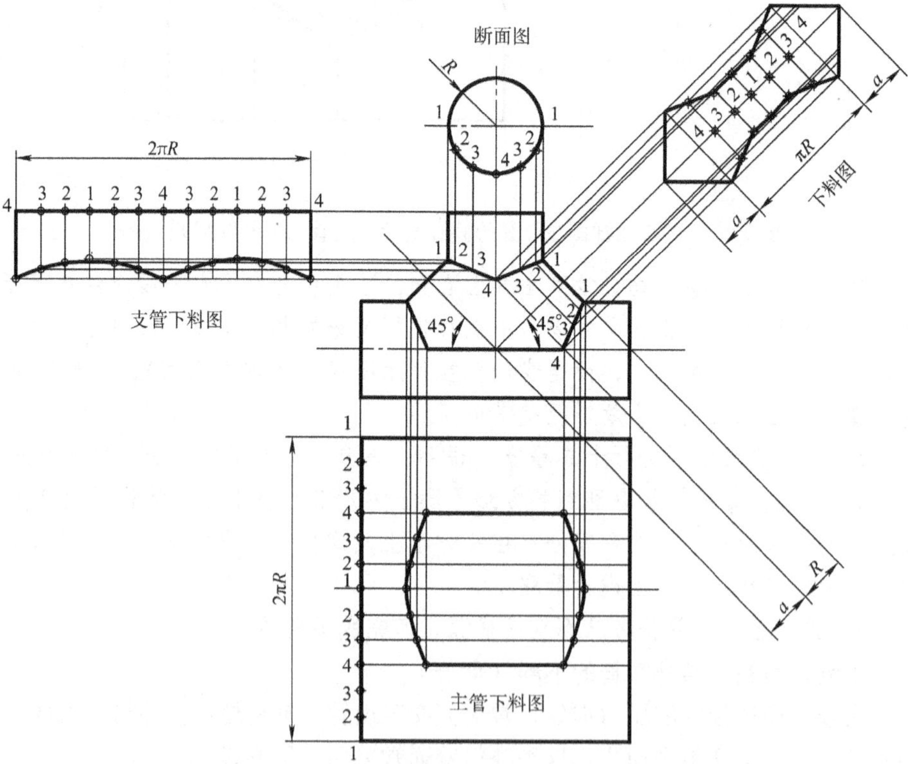

图 3-38　直交三通补料管的主视图和断面图

图 3-39　直交三通补料管的下料（展开）

（2）画支管下料图。在支管顶口向左延长线上截取44等分支管断面圆周长度并作十二等分；由等分点引下垂线，与由结合线各点向左所引水平线对应交点连成曲线，得支管下料图。

（3）画补料管下料图。在补料管中线延长线上截取44等于圆管半圆周长πR，并作六等分；由等分点对44引垂线，与由接合线各点向右所引与44平行线对应交点分别连成曲线，再在两端照录主视图三角，即得补料管下料图。

（4）画主管下料图。在主视图下方画一长方形，长方形的长为$2\pi R$，宽与主视图的管长相等；对长方形左边进行十二等分，等分点为1、2、3、4、3、…、3、2、1；过等分点向右作水平线与过补料管接合线向下所引的垂线相交得交点；用曲线平滑连接各交点，再用直线连接两曲线端点，即画出主管下料图。

二十、直径不相等的直交三通管的下料（展开）

求直径不相等圆管相交的结合线，是以两管实际接触的表面为准，通过支管断面分点引素线的方法求相交两形体表面共有点以获得结合线。这是处理不相等直径圆管相贯板厚处理的一般规律。图3-40所示为直径不相等直交三通管，已知尺寸为D、d、t、h、l。

⚘ 作图步骤：

（1）用已知尺寸画出主视图、支管断面（按里皮）及主、支管同心断面取代左视图。

（2）求结合线。三等分同心断面支管$\frac{1}{4}$圆周，等分点为1、2、3、4；由等分点引上垂线得与主管断面圆周交点，再由各交点向左引水平线与支管断面半圆周六等分点引下素线对应交点连成曲线为两管结合线。

（3）用放样法作支管Ⅰ下料图（展开图）。在支管顶口延长线上截取11等于支管展开周长$\pi (d+t)$并作十二等分；由等分点引下垂线与由结合线各点向右所引水平线对应交点连成光滑曲线，得支管下料图（展开图）。

（4）主管Ⅱ下料图（展开图）画法。

1）在主视图下方画主管Ⅱ下料图。管Ⅱ长为$\pi (D-t)$，宽为l。

2）在Ⅱ图上确定圆弧c的长度（c在主视图主、支管同心断面圆由支管断面圆等分点向上所引垂线与主管断面圆的1′、4′交点间），并确定12＝圆弧1′2′长度、23＝圆弧2′3′长度、34＝圆弧3′4′长度；将Ⅰ管断面图半圆移画到Ⅱ上，作相应等分，等分点为1、2、3、4、3、2、1。

3）在Ⅱ图上，由Ⅰ管断面图各等分点引相应的下垂线与由弧长确定的点向左所引的水平线相交得交点。

4）用曲线平滑连接各交点，即完成主管Ⅱ下料图（展开图）。

注意： 在Ⅱ图上所确定的1、2、3、4点是通过弧长确定的，而不是等分点，

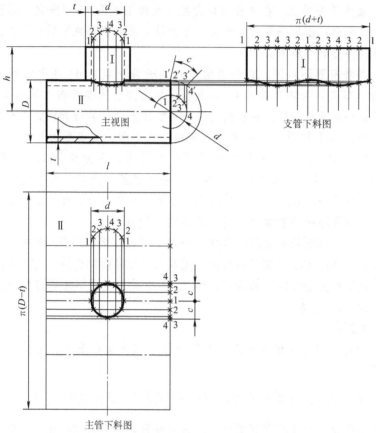

主管下料图

图3-40 直径不相等的直交三通管的下料（展开）

通过这些点向左所引的水平线之间是不相等的。在实际下料过程中，如果这个弧长不易计算，可以采用这种办法解决：用一根细铁丝或不变形的绳，在主视图上分别量取圆弧 1′2′、2′3′、3′4′。比如：量取圆弧 1′2′ 的长度，就是将铁丝的一头用手按到 1′ 点位置，另一只手沿着圆弧向 2′ 方向捋，直到捋到 2′ 点为止；然后用手捏住 1′、2′ 点拉直后到Ⅱ图上量取 12 距离，并确定 1、2 点；同理，确定 3、4 点。

二十一、直径不相等的一侧直交三通管的下料（展开）

已知支管直径为 d，支管总高为 h，主管直径为 D，主管长为 l。可用两种方法画下料图。

1. 方法一

A 作图步骤：

（1）画主、左视图，求结合线　画主视图关键是画结合线，结合线可通过左视图和支管断面图画出来。

按所给尺寸把主视图的支管和主管边框画出来，再把左视图画出来（因左视图具有积聚性）；在左视图上把支管断面图也画出来，进行十二等分（等分越多所画结合线越精确，这里只进行了十二等分），等分点为1″、2″、3″、4″、…、3″、2″、1″（注意：等分点标注按起止顺序）；过支管断面圆各等分点向下引垂线与支管和主管结合线相交得交点1″、2″、3″、4″、5″、6″、7″（见图3-41）。

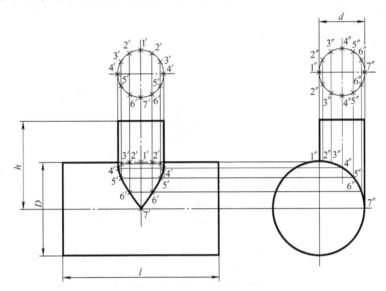

图3-41　直径不相等的一侧直交三通管的主、左视图

在主视图上把支管断面圆画出来，并进行十二等分（注意：等分点标注按起止顺序）；由等分点向下引垂线与由左视图支管和主管结合线上各交点向左所引水平线相交得交点1′、2′、3′、4′、5′、6′、7′。

用曲线平滑地连接各交点，即完成所求（注意：7′点要画出尖状，否则主、支管结合时易出现漏孔）。

（2）支管Ⅰ下料图画法（用放样法）（见图3-42）

1）在主视图左侧画一长为πd、宽为h的长方形，并进行十二等分，等分点为1、2、3、4、…、3、2、1。

2）过各等分点引下垂线与过主视图结合线上各点向左所引水平线相交得交点。

3）用曲线依次平滑连接各交点，即完成所求（注意：在支管下料图Ⅰ中，要画出7点位置处的尖，否则和主管结合时易出现漏孔）。

（3）主管Ⅱ下料图画法（用放样法）

1）借助主视图先画一长方形，长方形的长为πD，宽为l。

2）分别在左视图上量取弧长1″2″、2″3″、…、6″7″，再到主管下料图上指定位置（一般选中间位置）确定1″2″、2″3″、…、6″7″这些弧长（注意：在主管下

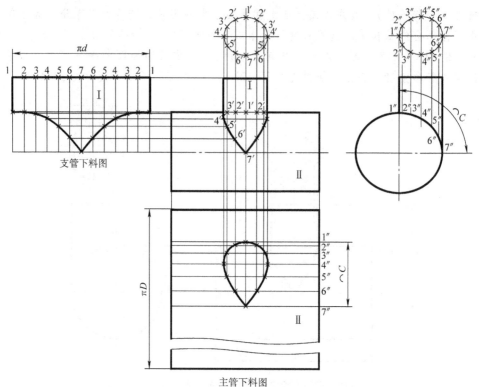

图 3-42 直径不相等一侧直交三通管的下料（展开一）

料图上所确定的 1″、2″、3″、4″、5″、6″、7″点，不是等分点，而是弧长伸直后所确定的点）。

3）过主管Ⅱ下料图上 1″、2″、3″、4″、5″、6″、7″点向左引水平线，与由主视图结合线各点向下所引的垂线相交得交点。

4）用曲线平滑连接各交点，便完成所求（注意：主管下料图中 7″点位置的尖要画出来）。

2. 方法二

作图步骤：

把左视图主管的一角拿过来，再将左视图支管的断面图的一半拿过来，按图 3-43 中重合断面图的位置放好；然后在重合断面图的左面画一支管长方形，在下面画一主管长方形；对支管长方形进行十二等分，对主管不是等分，而是量弧长确定点；然后通过重合断面图分别向支管长方形和主管长方形引水平线和垂线，与支管长方形所引的垂线、主管长方形所引的水平线相交得交点；用曲线平滑连接两长方形上的交点，即完成所求。

（1）画重合断面图的 $\dfrac{1}{4}$（指主管断面的 $\dfrac{1}{4}$）和 $\dfrac{1}{2}$（指支管断面的一半）；

以 1″为圆心，以 $\dfrac{D}{2}$ 为半径画 $\dfrac{1}{4}$ 圆弧；以 O 为圆心，以 $\dfrac{d}{2}$ 为半径画半圆，并标明序号（见图3-43）。

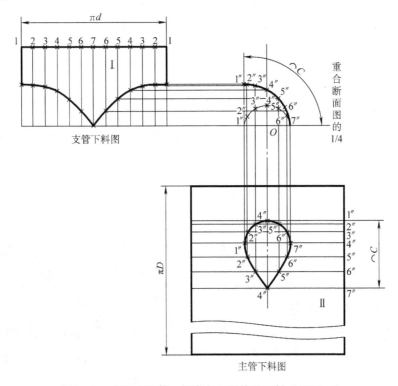

图 3-43 直径不相等一侧直交三通管的下料（展开二）

（2）在重合断面图上，将支管半圆六等分，并过六等分点向上引垂线与主管 $\dfrac{1}{4}$ 圆相交得交点，分别为 1″、2″、3″、4″、5″、6″、7″点。

（3）以重合断面图为中心，在其左面画一支管Ⅰ长方形，并进行十二等分，等分点依次为 1、2、3、4、…、3、2、1；过各等分点向下引垂线，与从重合断面图上 $\dfrac{1}{4}$ 圆上各点向左所引直线相交得交点；在重合断面图的下面画一主管Ⅱ长方形，从重合断面图 $\dfrac{1}{4}$ 圆上分别量取圆弧 1″2″、2″3″、…、6″7″的长度，并在主管Ⅱ长方形的右边上确定相应的长度，标注相应的点，通过各点向左引水平线与由重合断面图所引的下垂线分别相交，得交点（如图3-43主管下料图所示）。

注意：在主管下料图上中间的线上所标的序号是根据重合断面图上的 $\dfrac{1}{2}$ 断面

圆上的序号而排序的。也就是说，向支管长方形Ⅰ所引的水平线以$\frac{1}{4}$圆上序号为

准；向主管长方形Ⅱ所引的垂线以$\frac{1}{2}$断面圆上的序号为准。

（4）分别在支管、主管长方形上，用曲线平滑地连接各交点，便完成所求。

二十二、直径不相等斜交三通管的下料（展开）

已知尺寸：D、d、t、b、l、c、β。

1. 用放样法画下料图

A **作图步骤：**

（1）用已知尺寸画出主视图、支管$\frac{1}{2}$断面及主、支管$\frac{1}{2}$同心断面（见图3-44）。

（2）结合线求法。二等分同心断面支管$\frac{1}{4}$圆周，由等分点引上垂线得与主管断面圆周交点；由各交点向右引水平线与支管断面半圆周四等分点所引素线对应交点连成曲线，即为两管结合线。

（3）支管下料法。在支管端面向左方的延长线上截取11等于支管断面展开周长$\pi(d+t)$，并作八等分，等分点为1、2、3、4、5、4、3、2、1；由等分点引垂直于11的直线，与由结合线各点引与11平行线对应交点连成曲线，得支管下料图。

（4）主管下料法。在主视图下方画一长方形，长方形的长为$\pi(D-t)$，宽为l；在同心主管断面上分别量取$1'$ $2'$、$2'3'$圆弧长，再到主管下料图上确定$1'2'$、$2'3'$的长度，从而也就确定了f弧长；过主管下料图上各点作水平线与主视图结合线各点向下所引垂线相交得交点；用曲线平滑连接各交点，即画出主管孔的图样。

注意：主视图结合线各点序号向下作垂线要对应相应的线，也就是说，在主管下料图上，中间对称线以右标的是$1'$、$2'$，而在左侧则标$5'$、$4'$。

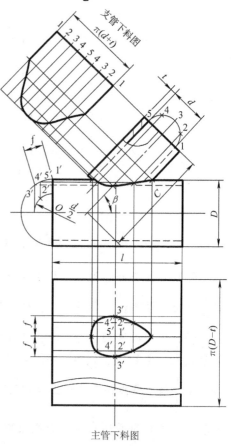

图3-44 直径不相等斜交
三通管的下料（展开）

2. 用小圆法只画出曲线部分

作图步骤（见图 3-45）：

（1）以 O 为圆心，分别以 $\dfrac{d}{2}$ 和 $\dfrac{D}{2}$ 为半径，画出同心断面圆的 $\dfrac{1}{4}$。

（2）二等分小圆圆周，等分点为 $1'$、$2'$、$3'$、$4'$、$5'$；由各等分点引上垂线，与大圆圆周交点也为 $1'$、$2'$、$3'$、$4'$、$5'$。

（3）将从同心断面 $\dfrac{D}{2}$ 圆上各点向右所引的线，与支管断面圆上各点所引的 AB 的平行线相交，所得交点分别是 $1'$、$2'$、$3'$、$4'$、$5'$ 点；将 $1'$、$2'$、$3'$、$4'$、$5'$ 点用曲线平滑连接起来，就是所求结合线。

（4）根据结合线画下料图曲线。请读者自行完成。

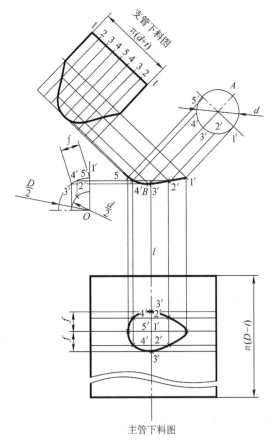

图 3-45 直径不相等斜交三通管的下料（展开）

二十三、直径不相等偏心斜交三通管的下料（展开）

如图3-46所示，支管直径等于主管半径，两管相交偏心距$f=\dfrac{d}{2}$。图中已知尺寸为D、d、a、l、f、h、β。

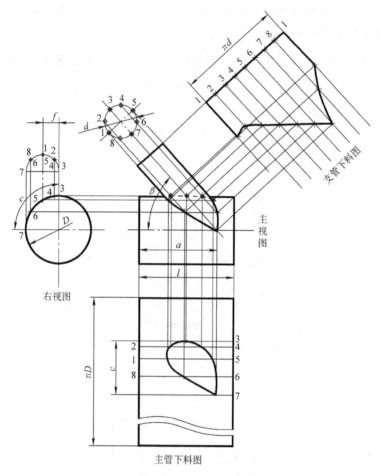

图3-46　直径不相等偏心斜交三通管的下料（展开）

作图步骤：

（1）用已知尺寸画出主视图和支管断面图，并在右视图位置以两管直径D、d及偏心距f画辅助断面。两管结合线的侧面投影与主管断面$\dfrac{1}{4}$圆周重影。

（2）结合线求法。在右视图上，四等分辅助断面支管的$\dfrac{1}{2}$圆周，等分点序号如图所示。由等分点引下垂线与主管断面圆周相交得交点，再由各交点向右引水平线与主视图支管断面圆周八等分点所引素线对应交点连成曲线，即为两管结合线。

（3）画支管下料图。在支管端口向右上方延长线上截取 11 等于支管展开周长 πd 并作八等分。由等分点引对 11 的垂线与由结合线各点引与 11 的平行线对应交点连成曲线，便完成支管下料图。

（4）画主管下料图。

1）在主视图下方画一长方形，长方形的长为 πD，宽为 l。

2）在右视图的主管截面圆上量取弧长 c，然后到主管下料图上确定 c 的长度，并在 c 长内分别确定圆弧 12、23、56、67 的长度，即在主管长方形上确定 1、2、3、4、5、6、7、8 点。过 3、4、5、6、7 点向左引平行线与由主视图结合线上各点所引下垂线相交得交点。

3）在主管长方形上，用曲线平滑地连接各交点，即完成所求。

注意：在主管下料图上，3、4、5、6、7 点之间的距离是由圆弧拉成直线后，在主管长方形右边上确定的，而不是等分后确定的。圆弧是从右视图主管截断面圆上的等分点之间量取的。

二十四、长方管斜交圆管的下料（展开）

长方管斜交圆管的结合线为平面曲线和直线，结合线和正面投影可直接画出，其侧面投影与圆管断面部分圆周重影，如图 3-47 所示。

作图步骤：

（1）用已知尺寸画出主视图、右视图和长方管断面图。六等分断面长边 11，等分点为 1、2、3、4、3、2、1；由等分点引下垂线交圆管断面于 1′、2′、3′、4′、3′、2′、1′点；再由各交点向右引水平线交主视图结合线各点。

（2）作圆管下料图。在主视图下方画一长方形，长方形的长为 πd，宽为管长；在长方形Ⅱ图上确定一点 4′，并过 4′点向右作一水平线；然后到右视图上以 4′为起点，分别量取圆弧 4′3′、3′2′、2′1′，将所量取的弧长拉成直线到长方形Ⅱ上，以 4′为起点，对称地确定 3′、2′、1′点（注意：各点不是等分点，而是依靠弧长所确定的点）；过各点向右作水平线，与由结合线各点引下垂线对应交点连成两条平行曲线为孔实形，得圆管下料图。

（3）作长方管下料图。在 $A'B'$ 延长线上顺次截取长方管断面四边长度，并对长边作六等分；由等分点引 AA 的垂线，与由结合线各点引与 AA 平行线对应交点连成曲线和直线，得长方管下料图。

说明：如果为厚板构件，圆管按外径方管里口相贯分块放样。方管前、后板为正平面，反映实形，只需作左、右侧板的展开。

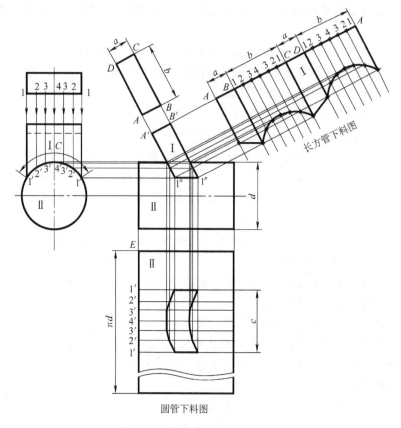

圆管下料图

图3-47 长方管斜交圆管下料图

第四节 放射线法下料

作圆锥面或棱锥面的下料图一般用放射线法，基本作图步骤如下：

1）画出构件的主视图和锥底的断面图。

2）用若干等分素线划分锥面（棱锥取角点）。

3）求各素线实长。

4）用放射线法或三角形法依次将各素线围成的三角形小平面展开成平面图形，即得整个锥面的展开图。

一、正圆锥的下料（展开）

正圆锥轴线垂直于锥底平面，截平面与轴线垂直相交其截交线仍为圆；截平面与轴线倾斜相交截交线一般为椭圆。

从正圆锥的形成原理可知，锥面各素线（底面到锥顶引线）长度相等，等于圆锥母线长，其展开为一扇形。扇形圆弧半径 R 等于母线长度；扇形弧长等于锥底圆周长度 πd，图 3-48 所示为用侧滚法将其展开。作正圆锥的下料可用两种方法，一种是图解法，一种是计算法。这里只介绍图解法。

作图步骤：

（1）先用锥底直径 d 和锥高 h 画出主视图和底断面半圆周。

（2）将底断面半圆六等分，等分点为 1、2、3、4、5、6、7，如图 3-49 所示。

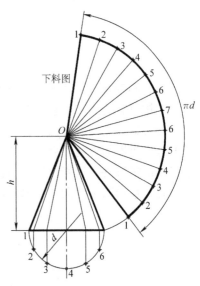

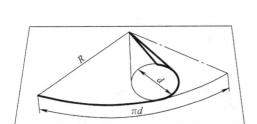

图 3-48　侧滚法展开正圆锥　　　　　图 3-49　正圆锥的下料（展开）

（3）画下料图。以母线长度为半径，以 O 为圆心画一段圆弧，圆弧的长度为圆锥底圆周长 πd；在断面半圆上用卷尺或用细铁丝量等分点之间的弧长，再到大圆弧上依次量取 12 等份，即得所求圆锥下料图。

下料图中各放射线既是圆锥面上各素线的展开，同时又是加工成形时的锤击线，因此放样图中需画出。

当用厚板制作圆锥管时，为了确保锥管尺寸的准确性，必须进行板厚处理求出放样尺寸。如图 3-50 所示，已知尺寸为 d'、t、h，经板厚处理求出展开放样尺寸 d、R、r。其下料方法看图便知。

在第四节中有些术语，请读者看图 3-51 了解和掌握。

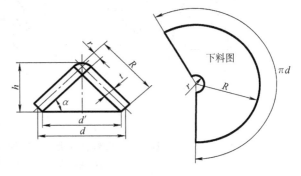

图 3-50　厚板圆锥管的下料

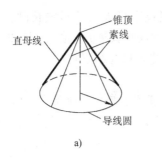 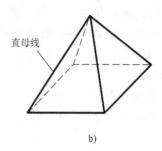

a)   b)

图 3-51　锥面形成和名词术语

a）圆锥面　b）棱锥面

二、圆锥管（大小头）的下料（展开）

圆锥管有薄板和厚板之分。薄板制成的圆锥管板厚对其展开图的影响不大，可不必考虑，它的展开法与正圆锥相同，如图 3-52a 所示；厚板制成的圆锥管，需要考虑板厚的影响，否则不能保证制件尺寸要求。板厚处理的原则是以板厚中心线为准进行展开放样，即下料图的扇形是以板厚中心线所形成的圆锥母线长度为半径，扇形弧长以大端板厚中心直径为准的锥底圆周长，如图 3-52b 所示。

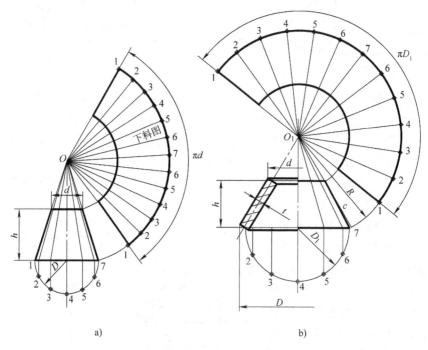

a)   b)

图 3-52　圆锥管（大小头）的下料（展开）

a）薄板圆锥管　b）厚板圆锥管

已知尺寸：D、d、t、h。

作图步骤：

（1）用已知尺寸画出一半半剖主视图，另一半是以中心线为准画出中心部分的视图。

（2）进行板厚处理，得出下料放样尺寸 R、D_1、c。

（3）画放样图

1）画一断面图，借助主视图只画一半。并对半断面图进行六等分，等分点依次为 1、2、3、4、5、6、7；过等分点向上引垂线与圆锥管底投影相交得交点，过顶点 O_1 向圆锥管底投影上的交点引素线，当然了，为看更清楚，图上没画那么多。

2）以 O_1 为圆心，以 R 为半径画圆弧；再以 O_1 为圆心，以 $R-c$ 为半径画圆弧；在断面图上量取等分点之间的弧长（用卷尺和细铁丝量取都可以）；再以所画底端圆弧的点 1 为起点，依次量取 12 等份，便获得了整个底中心圆的实际周长。

3）过点向底中心圆弧的两端等分点连线，并描深两圆弧和两圆弧端点连线，即完成所求。

三、斜截口正圆锥管的下料（展开）

分析：从图 3-53 中可以看出，图中主视图是由一个圆锥被一平面斜着切过去，然后把切掉的顶尖拿走后剩下斜圆台进行下料。圆锥底圆的展开和圆锥下料方法是一样的，而上面的斜切口（截交线为椭圆形）的展开需要求各素线的实长。用旋转法求实长。

已知尺寸：d、H、h。

作图步骤：

（1）用已知尺寸画出主视图和斜圆台底断面半圆周。

（2）六等分断面半圆周，等分点为 1、2、3、4、5、6、7；过等分点向上引垂线与斜圆台底投影相交得交点；再过这些交点向圆锥顶点 O 引素线，与斜圆台斜切口投影线相交，得交点为 1′、2′、3′、4′、5′、6′、7′。

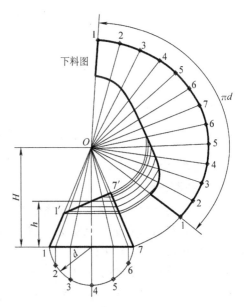

图 3-53　斜截口正圆锥管的下料（展开）

（3）用旋转法求出各素线的实长，即由截交线 1′7′ 各点向右引水平线与圆锥母线相交得交点，各点至圆锥母线底面的距离反映斜圆台各相应素线的实长。

（4）用放射线法画下料图。以锥顶 O 为中心，以 $O7$ 为半径画圆弧11等于底断面圆周长度，并作十二等分；由等分点向 O 连放射线，与以 O 为圆心，到各素线实长上端点为半径分别画的同心圆弧相交，将交点连成平滑曲线，即完成所求。

四、斜圆锥的下料（展开）

斜圆锥的轴线倾斜于锥底平面，但这个圆锥的锥底平面是圆的，见图3-54。

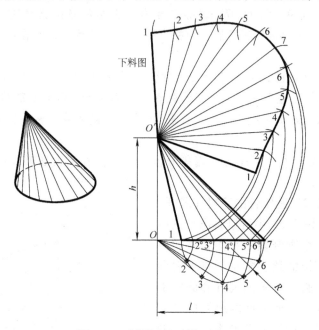

图3-54　斜圆锥的下料（展开）

已知尺寸为 R、l、h。

A 作图步骤：

（1）用已知尺寸画出主视图和锥底断面半圆图。

（2）将断面半圆周六等分（等分份数越多，所画下料图越精确，这里只进行六等分），等分点为1、2、3、4、5、6、7；过等分点向 O 点引素线，用旋转法以 O 点为圆心，分别以 $O2$、$O3$、…、$O7$ 为半径画弧，向圆锥底面投影并旋转得交点 $1°$、$2°$、$3°$、$4°$、$5°$、$6°$、7 点；过 $1°$、$2°$、$3°$、$4°$、$5°$、$6°$、7 点向 O' 引素线，这些素线均反映实长，因它们都是正平线。

（3）画下料图。先确定一起点线 $O'1$（下料图上 $O'1$ 的确定是以 O' 为圆心，以主视图上 $O'1$ 为半径画弧到下料图上确定的）；以 O' 为圆心，以 $O'2°$ 为半径画弧，与以下料图上点1为起点圆心，以断面半圆上等分点之间弧长为半径所画的弧相交得交点 2；用同样的方法，以 O' 为圆心，分别以 $O'2°$、…、$O'7$ 为半径画弧；然后分别以断面半圆上的等分点间弧长为半径，在下料图上以 2、3、4、…、4、3、2 点为圆心画弧，与所画下一条相应的弧线相交得交点（注意：要点对点，线对线，数字序号对数字序号）。

（4）在下料图上用曲线平滑连接各交点，并将两端点分别与 O' 相连，便完成所求。

五、斜圆锥台的下料（展开）

斜圆锥台又称斜马蹄，它是用一平面将斜圆锥水平横切过去，然后将切掉的上尖端拿走后所剩下的部分。斜圆锥台的下料实际上就是把斜圆锥下料图的顶部去掉后得到的。因此，斜圆锥台的下料就是先按斜圆锥下料方法进行下料，然后再将斜圆锥台上端口进行展开放样。这里只叙述一下斜圆锥台上端口的下料方法。

作图步骤：

通过对斜圆锥的下料过程可知，在图 3-55 上，$O'1'$、$O'2'$、…、$O'7'$ 都反映实长。

以 O' 点为圆心，分别以 $O'1'$、$O'2'$、…、$O'1'$ 为半径画弧，分别交于下料图的 $O'1$、$O'2$、…、$O'7$、…、$O'1$ 线上，得交点 $1'$、2、3、4、…、4、3、$2'$、$1'$（在下料图上，只标了 $1'$ 和 $7'$，没标其他数字，这主要是便于看图，请读者在看书时不妨自己标一下）。在下料图上用曲线平滑地连接各交点，便画完了上口的下料曲线。

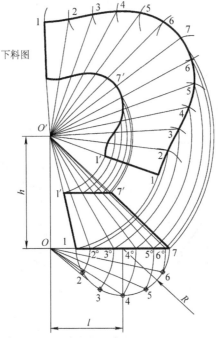

图 3-55 斜圆锥台的下料（展开）

厚板制成的斜圆锥管要进行板厚处理，应以板厚中心线所确定的斜圆锥管进行下料。

六、直径不相等四节直角弯头的下料（展开）

已知大端直径为 D，小端直径为 d，中心旋转半径为 R。

A 作图步骤：

1. 画主视图

(1) 以 O 为直角点，画一直角。根据已知尺寸，以 O 点为圆心，以 R 为半径画一圆弧交两直角边，得交点 1、4；将圆弧 14 进行三等分，等分点为 2、3；分别连接 $O2$、$O3$ 并延长得角三等分线；分别以 1、4 点为中点画 $aa_1 = D$，$ee_1 = d$（见图 3-56a）。

(2) 由 1、2、3、4 各点作 R 弧切线，相邻切线的交点为 O_1、O_2、O_3，所得各段切线为每节锥管的轴线（见图 3-56b）。

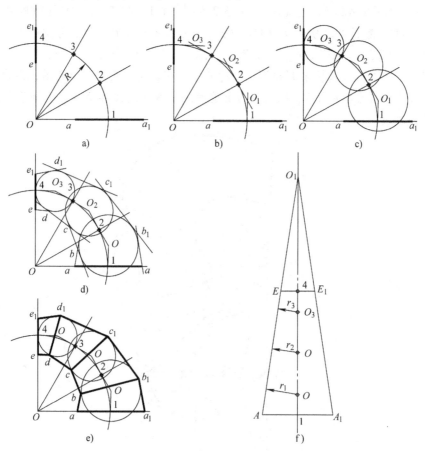

图 3-56　直径不相等渐缩四节直角弯头主视图画法

（3）在图 3-56f 中，将图 b 中 $1O_1O_2O_34$ 轴线拉直，则 14 为圆锥管的高度；分别过 1、4 两点作 $D = AA_1$，$d = EE_1$，连接 AE、A_1E_1 得锥管轮廓；再由图中的各点 O_1、O_2、O_3 向锥台轮廓线 AE 作垂线得 r_1、r_2、r_3。

（4）在图 3-56c 中，分别以 O_1、O_2、O_3 为圆心，以 r_1、r_2、r_3 为半径画圆（这些辅圆可视为锥管内切球的投影）；过相邻两个圆作外公切线；再由 a、a_1、e、e_1 各点分别作圆切线，得到各切线的交点 b、c、d、b_1、c_1、d_1（见图 3-56d）。

（5）连接 bb_1、cc_1、dd_1，即为各节锥管的分界线；根据蒙若定理可知，相邻两锥管的交线为平面曲线，则分界线是直线。这样就完成了主视图的绘制（见图 3-56e）。

2. 画下料图

（1）在图 3-57a 上量取各锥管的外形线长度，对于双数分节的外形线绕其轴线旋转 180°，然后与图 b 锥台视图重叠在一起，画出分界线和素线。

（2）用旋转法求各节素线的实长。过各分界线与素线的交点向右作水平线与圆锥台母线相交，则就相当于把圆锥台上各素线向右旋转到母线上，变成了正平线，因此反映实长。

（3）先确定一起点线 $O'A$，以 O' 为圆心，$O'A'$ 为半径画弧，使 $AA = \pi D$；然后把圆弧 AA 进行十二等分，等分点分别为 A、$2°$、$3°$、…、$3°$、$2°$、A；用直线分别连接 O' 与 A、$2°$、$3°$、…、$3°$、$2°$、A 各点素线（见图 3-57b）。

（4）以 O' 为圆心，以 O' 点与各分界线与母线的交点为半径向右画弧，与扇形上相应素线相交得交点（注意：点对点，线对线），然后连接各交点，即完成所求。

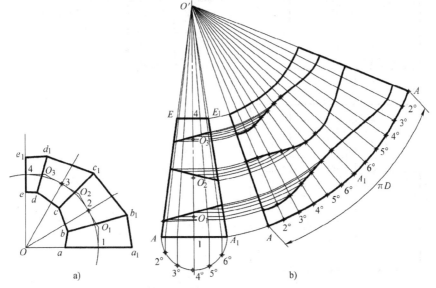

图 3-57 直径不相等渐缩四节直角弯头主视图画法

七、正圆锥管直交圆管的下料（展开）

分析：正圆锥管直交圆管实际上就相当于用一个正圆锥和一个圆管相交到一起，就等于单独对圆锥管和圆管进行放样。只是圆锥管的下端按弧长量取得到放样曲线，上端按圆锥展开即可；而圆柱上的孔按弧长量取来确定各点，不是靠等分法（点指在图3-58圆管下料图上的1′、2′、3′、4′点）。

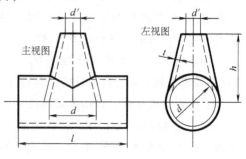

图3-58 正圆锥直交圆管的主视图和左视图

作图步骤：

1. 画主、左视图 根据所给条件画主、左视图（见图3-59）。

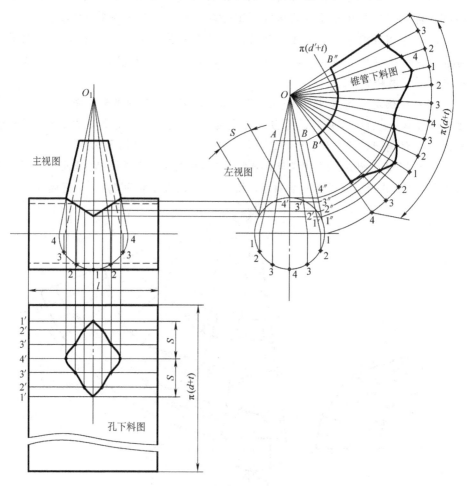

图3-59 正圆锥直交圆管的下料图

2. 画结合线 圆锥底圆直径和圆管直径相等，并且底圆面投影和圆管轴线重合。因此可以这样理解：假想是两个直径相等的圆管垂直相贯，它们的结合线是直线的组合，而不是曲线组合。如果垂直相贯的一个管的上口逐渐收缩，并且结合线也随之上移，那么就形成图3-59所示主视图上的样子，也就是说，结合线是直线的组合，而不是曲线组合。

3. 画下料图 以中径进行下料。先画锥管下料图，后画圆管下料图。

(1) 如图3-59所示，在主视图上圆锥管下端画一断面圆并进行六等分，等分点为4、3、2、1、2、3、4；过各等分点向上引垂线与圆锥底投影线相交得交点，过各交点分别向圆锥顶 O_1 接合线引素线。

(2) 在左视图上圆锥管和圆管的投影积聚成一个圆上，将圆管投影的下半周进行六等分，等分点为1、2、3、4、3、2、1（注意：主视图和左视图的等分点是一致的，符合投影规律，因此，等分点序号不要标错）；过等分点向上引垂线，与圆管截面水平轴线相交得交点，过各交点再与 O 引素线分别和 $\frac{1}{2}$ 圆管上半周交于 $1'$、$2'$、$3'$、$4'$ 点（见图3-59）。

(3) 用旋转法求锥管各素线实长。过 $1'$、$2'$、$3'$、$4'$ 点向右作水平线，与圆锥母线交于 $1''$、$2''$、$3''$、$4''$ 点，则 $O1''$、$O2''$、$O3''$、$O4''$ 为圆锥顶尖到结合线处各素线的实长线。

(4) 画一扇形。先确定一起点线 $O4$；以 O 为圆心，以 $O1$ 长为半径画一圆锥放样圆弧，并对圆弧进行十二等分，等分点分别为4、3、2、1、2、…、2、3、4，并过各等分点向 O 引素线；以 O 为圆心，分别以 $O1''$、$O2''$、$O3''$、$O4''$ 为半径画弧，分别与扇形相应素线相交得交点（注意：点对点，线对线）。

(5) 用曲线平滑连接各交点，即完成锥管下部下料曲线绘制（注意：在下料图上，交点1处是尖形的）。

(6) 以 O 为圆心，以 OB 为半径画弧，与扇形各素线相得一圆弧线 $B'B''$；将 $B'B''$ 和下端曲线组成封闭图形，便完成了锥管下料图的绘制。

4. 画圆管下料图

(1) 在主视图下方画一圆管展开图形，长为 $\pi(d+t)$，宽为 l。

(2) 在左视图上分别量取弧长 S，并在孔下料图上确定 S 的长度；分别量取圆弧 $1'2'$、$2'3'$、$3'4'$ 的长度；到孔下料图上确定这些弧长并标明各点，过各点向左画水平线。

(3) 过左视图上 $1'$、$2'$、$3'$、$4'$ 点向主视图引水平线交于结合线上得到相应交点，过这些交点引下垂线和孔下料图上相应各线相交得交点（注意：点对点，线对线）。

(4) 用曲线平滑连接各交点，便完成孔下料图。

八、圆管渐缩三通管的下料（展开）

已知尺寸：a、d、d_1、h。

作图步骤：

1. 画主视图和俯视图　根据所给尺寸画主、俯视图（见图3-60）。从图中可以看出，支管的顶口和底口都是正圆，又是平行的，是斜圆锥体。整个三通管由两个斜圆锥管相交，一个支管就是一个斜圆锥管，由底口中心向上作部分垂直剖切，因此先按斜圆锥管下料图画法画出下料图，然后画出切去的部分（见图3-61）。

2. 求实长（见图3-61）　在支管下方画一断面图，并将半圆进行四等分，等分点为1、2、3、4、5；过各点分别连接 O_1，并把各素线用旋转法转成水平线，各素线端点与水平线有交点；过各交点向上引垂线与主视图相交于1′、2′、3′、4′、5′点，分别连接 $O1′$、$O2′$、$O3′$、$O4′$、$O5′$，则 $O1′$、$O2′$、$O3′$、$O4′$、$O5′$反映实长；而 $O3′$、$O4′$、$O5′$分别与结合线相交于3°、4°、5°点，则 $O3°$、$O4°$、$O5°$反映的是结合线到 O 点的实长。

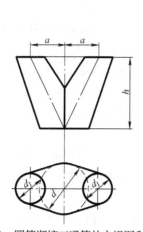

图 3-60　圆管渐缩三通管的主视图和俯视图

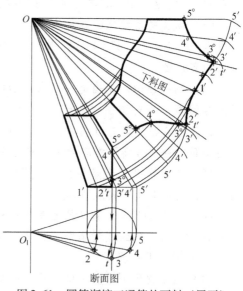

图 3-61　圆管渐缩三通管的下料（展开）

3. 画下料图

（1）确定一起始线 $O5′$，以 O 为圆心，以主视图上 $O5′$ 为半径画弧，并以5′点为圆心，以断面图上等分点之间弧长为半径画弧与在主视图上以 O 点为圆心，以 $O4′$ 为半径画弧相交确定4′点；用同样方法确定 3′、$t′$、2′、1′、2′、3′、4′、5′点；过各点与 O 连接，形成放射线状。

（2）如图3-61所示，在主视图上，以 O 为圆心，分别以 $O1′$、$O2′$、Ot、

$O3°$、$O4°$、$O5°$为半径画弧，与下料图中相应放射线相交得交点（注意：点对点，线对线）；用曲线平滑连接各交点，便完成了斜圆锥管下部分的展开。

（3）以 O 为圆心，分别以 O 点到各实长素线在锥管上端点之间距离为半径，画弧交于下料图各相应素线得交点；用曲线平滑连接各交点，便完成了锥管上口的展开；用直线将上、下曲线组成封闭图形，即得所求（如图3-61下料图所示）。

注意：在图3-61中 t 点的确定方法是：从主视图的 t 点向下引直线交断面图的横轴上得一交点，并过这一交点画一圆弧交断面图于 t 点，这样在断面图上 t 点就确定出来了。为什么要求 t 点？这是因为在确定各素线实长时，主视图的 t 点（尖角点）会自然漏下。但在画下料图时这一点的实长必须求出来，就用这种方法。

九、圆管渐缩四通管的下料（展开）

1. 画主视图和俯视图 已知尺寸：D、d、R、h。根据所给尺寸画主、俯视图。

分析：渐缩四通管的每一个支管从图3-62所示的俯视图上看，上口和下口都是正圆，而在主视图上的上口和下口又是平行的，因此，都是斜圆锥管。三个支管合起来看，就是由三个切去了一部分的斜锥管组成的制件。因此，先按斜锥管的下料图画法作出下料图，然后再画切去的部分。

2. 画支管的主视图和断面图 因四通是由三支锥管组成的，所以只要画出一个支管下料图就可以了。画支管主视图的关键就是结合线的画法。

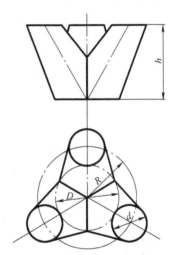

图3-62 圆管渐缩四通管的主、俯视图

作图步骤：

（1）按所给尺寸画一斜圆锥管的主视图和断面图（见图3-63），并将断面图圆锥底圆半圆周进行六等分，等分点为1、2、3、4、5、6、7；过各等分点和 O 连线，并和结合线分别相交于点 a、b、c，这些连线就是斜圆锥管素线。

（2）在断面图上过各等分点向上引垂线，与主视图底圆相交于 $1'$、$2'$、$3'$、$4'$、$5'$、$6'$、$7'$点；过 $1'$、$2'$、$3'$、$4'$、$5'$、$6'$、$7'$点和 O 连线，这些连线就是素线在主视图上的位置。

（3）在断面图上过 a、b、c 三点向上作垂线，分别和 $O'5'$、$O'6'$、$O'7'$相交于 a'、b'、c'点。

（4）用曲线平滑连接 $3'$、a'、b'、c' 点，该曲线即支管结合线。用直线封闭其他边框，即画完支锥管主视图。

3. **画下料图** 为便于画图和观察，我们把支锥管主视图和断面图拿过来，把俯视图素线及向上所引垂线和主视图上所引的素线擦掉。

作图步骤：

（1）用旋转法求实长。如图3-64所示，在断面图上，以 O 点为圆心，以 $O2$、$O3$、$O4$、$O5$、$O6$ 为半径画弧交于断面图水平轴线上得交点；过1、7及其他交点向上引垂线交主视图于 $1'$、$2'$、$3'$、$4'$、$5'$、$6'$、$7'$ 点，过 $1'$、$2'$、$3'$、$4'$、$5'$、$6'$、$7'$ 点与 O' 连线，则这些连线反映实长。这些连线中的 $O'3'$、$O'4'$、$O'5'$、$O'6'$、$O'7'$ 直线分别和结合线相交于 $3°$、$4°$、$5°$、$6°$、$7°$ 点，那么 $O'3°$、$O'4°$、$O'5°$、$O'6°$、$O'7°$ 反映实长。

（2）在主视图上要注意 t' 点，它是与另一支管对接时底圆的接点。在下料过程中要把 t' 点在下料图上体现出来，因下料图上的每一点之间的距离是靠在断面图上量取的弧长获得的，因此就必须在主视图上过 t' 点向下引垂线，交断面图水平轴线上得一交点，再以 O 为圆心，以 O 到这一交点的距离为半径画弧交于断面圆于 t 点，则 t' 在断面图上的位置就确定了。

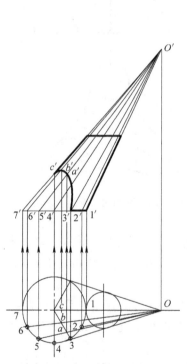

图3-63 支管的主视图
和断面图画法

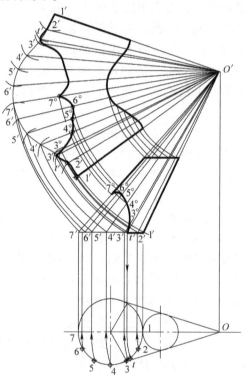

图3-64 圆管渐缩四通管
的下料（展开）

注意：在下料图上所使用的素线是实长线，而不是投影素线，因此才出现 t' 点。

（3）先确定画下料图的起始线 $O'1'$（按斜圆锥方法画下料图）；以 O' 为圆心，分别以 $O'1'$、$O'2'$、…、$O'7'$ 为半径画弧，与在下料图上以 $1'$、$2'$、…、$3'$、$2'$ 为圆心，以在断面图上所量取圆弧 12、23、…、67 的相应的弧长为半径画弧得交点 $1'$、$2'$、…、$3'$、$2'$、$1'$；过 $1'$、$2'$、…、$3'$、$2'$、$1'$ 与 O' 连线便得到斜圆锥下料图。

（4）在主视图上以 O' 为圆心，以 $O'1'$、$O'2'$、$O't'$、$O'3°$、$O'4°$、$O'5°$、$O'6°$、$O'7°$ 为半径画弧，分别与下料图上相应放射线相交得交点 $1'$、$2'$…、$7°$（注意：点对点，线对线）；用曲线平滑连接各交点，即完成结合线与支管底口部分的画法。

（5）支管上端按斜圆锥展开画法即可。用直线连接上口和下口两端便完成了支管的下料。

注意：在下料图中 t' 和 $7°$ 要突出尖点，不要用曲线画圆滑了，否则三支管组对时易出现漏孔。

十、方管直交斜圆锥管的下料（展开）

1. 画主、俯视图（见图3-65）　已知尺寸：斜圆锥管底口直径 D，上口直径 d，方管边长 a，斜圆锥管高度 h_1，方管高出斜圆锥上口 h_2。

按已知尺寸画出主、俯视图边框。这里关键是画结合线。

Ⓐ **作图步骤**：

（1）在俯视图上过方管上的 2、3、4 点作斜圆锥管的素线 $O_1 2°$、$O_1 3°$、$O_1 4°$。

（2）过 $2°$、$3°$、$4°$ 点向上作垂线，与主视图斜圆锥底口投影线相交于 2^*、3^*、4^* 点，分别连接 $O2^*$、$O3^*$、$O4^*$。

（3）在俯视图上过方管口的 1、2、3、4、5 点向上引垂线，交素线 Ok^*、$O2^*$、$O3^*$、$O4^*$ 于点 $1'$、$2'$、$3'$、$4'$、$5'$。

（4）用直线和曲线平滑地连接 $1'$、$2'$、$3'$、$4'$、$5'$ 点，即画完结合线，也完成了主、俯视图的绘制。

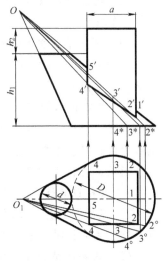

图3-65　方管直交斜圆锥管的主、俯视图画法

2. 实长线的求法（见图3-66）　方管在俯视图上反映方口实长，在主视图上反映高度实长，只有结合线实长需要求得。

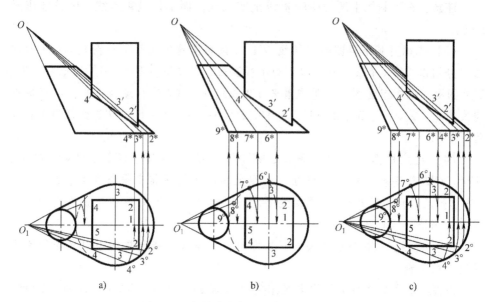

a) b) c)

图3-66 方管直交斜圆锥管的实长线求法

我们可以分开来求实长。

A 作图步骤：

（1）求方管与斜圆锥管结合线的实长，作图步骤如下：

1）如图3-66a所示，为画图清晰，把投影素线擦掉，只留俯视图上通过方口2、3、4点的素线$O_12°$、$O_13°$、$O_14°$。

2）用旋转法求实长。在俯视图上，以O_1为圆心，分别以$O_12°$、$O_13°$、$O_14°$为半径画弧，与水平轴线相交得交点；过三个交点向上引垂线与主视图斜圆锥管底口投影相交于点2^*、3^*、4^*点（注意：2^*、3^*、4^*点是求实长时为方便而用，在这里它不是投影素线点，而是实长线投影与底圆交点）；过2^*、3^*、4^*点和O点连线，则$O2^*$、$O3^*$、$O4^*$即斜圆锥管实长（是正平线）。

3）在主视图上，过$2'$、$3'$、$4'$点向右画水平线与$O2^*$、$O3^*$、$O4$相交得交点，结合线实长便求出（见图3-66a）。

（2）求斜圆锥管各素线实长。

1）为清楚起见，我们可以假设先把求方管结合线实长线擦掉（见图3-66b）。在俯视图上，将斜圆锥管底口$\frac{1}{4}$进行三等分，等分点为$6°$、$7°$、$8°$、$9°$；过O_1点分别连接$O_16°$、$O_17°$、$O_18°$、$O_19°$；以O_1为圆心，以$O_16°$、$O_17°$、$O_18°$为半径画弧交水平轴线得交点；过各交点和$9°$向上引垂线与主视图相交于6^*、7^*、8^*、9^*点。

2）过 O 点分别与 6^*、7^*、8^*、9^*点连线，则 $O6^*$、$O7^*$、$O8^*$、$O9^*$为斜圆锥管实长线。

把图 3-66a、b 合并在一起，就是各部分完整的实线长了（见图 3-66c）。

3. 画下料图

✎ **作图步骤：**

（1）方管下料图（见图 3-67）。

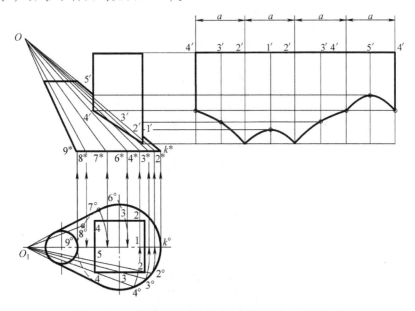

图 3-67　方管直交斜圆锥管中方管的下料（展开）图

用放样法下料。借助主视图过方管上口向右画水平线，并按所给方口边长 a 确定方口展开长度，并确定等分点，过各等分点向下引垂线。

在主视图上过 $1'$、$2'$、$3'$、$4'$、$5'$点向右引水平线与下料图上的等分线对应相交（注意：点对点，线对线）得交点，用曲线平滑地连接各交点，并将其他各边画出便完成所求。

（2）斜圆锥管及孔下料图（见图 3-68）。

先画斜圆锥管下料图，再画孔的部分。

1）确定斜圆锥管下料图起始线 $O9$。以 O 点为圆心，分别以 $O9^*$、$O8^*$、…、$O2^*$、Ok^* 为半径画弧与以 9、8、…为圆心，以俯视图上底口各点之间相应弧长为半径所画的弧相交得交点；过各交点与 O 连线，并用曲线平滑连接各交点便完成斜圆锥管下口的展开。

2）上口按斜圆锥下料方法下料即可。

3）分别以 O 为圆心，以 $O1'$、$O2'$、$O3'$、$O4'$、$O5'$为半径画弧，与斜圆锥

管下料图上的素线对应相交（注意：点对点，线对线）得交点；用曲线平滑连接各交点，即完成斜圆锥管上孔的下料。

如果是厚板构件，方管按里口尺寸，斜圆锥管按板厚中心直径下料（展开）。

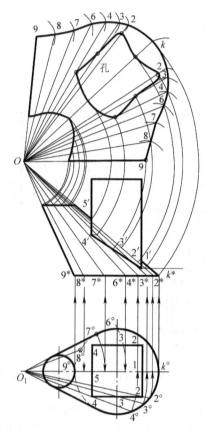

图3-68　方管直交斜圆锥管中斜圆锥管孔的下料（展开）图

十一、圆管平交正圆锥管的下料（展开）

已知尺寸：圆锥管底口半径 R，上口半径 r，圆锥管高度 h，水平圆管直径 d，圆管中心轴线距圆锥管底口平面高度 h_1，圆管长度 l。

根据已知尺寸画主视图和俯视图。

分析：按所给尺寸画主、俯视图外框，这里关键是画主、俯视图结合线。我们可以先画俯视图结合线，然后利用俯视图结合线画主视图结合线。

作图步骤：

1. 根据所给尺寸画主、俯视图外框

2. 画结合线

（1）画俯视图结合线

1）在主、俯视图上画圆管的断面图，并进行八等分，等分点为1、2、3、4、5、4、3、2、1（见图3-69a）。

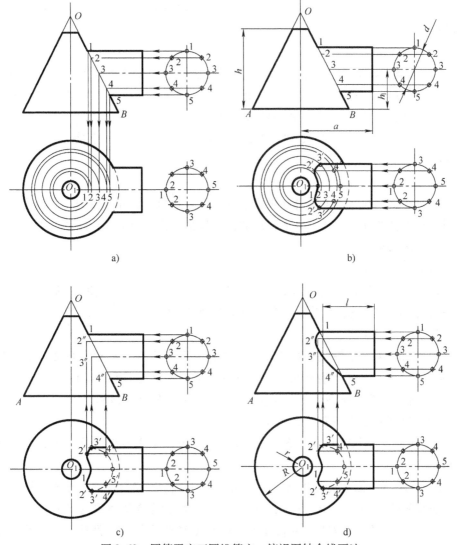

图3-69　圆管平交正圆锥管主、俯视图结合线画法

过主视图圆管断面图等分点向左画水平线，与主视图圆锥母线相交得交点1、2、3、4、5，并过1、2、3、4、5点向俯视图引垂线与水平轴线相交于点1、2、3、4、5；过1、2、3、4、5点，画纬线圆。

这里顺便介绍一下纬线圆法求点，穿插本例讲解。本例中，按圆锥管母线上等分点位置横切露出各个圆面，而各等分点恰巧在所切后圆面的边上，我们一般把圆面边圆称为纬线圆，通过这种方法确定相应点的方法叫做纬线圆法。

2）为便于看清视图，将图 a 中所引下垂线擦掉，如图 b 所示。过俯视图断面图上各等分点向左引水平线分别与相应的纬线圆相交得交点 1、2′、3′、4′、5、4′、3′、2′、1，用曲线平滑连接各交点，便将俯视图结合线画出（见图 3-69b）。

（2）画主视图结合线。

1）为便于看清视图，将图 b 中所画纬线圆擦掉，如图 c 所示。过俯视图的 1、2′、3′、4′、5、4′、3′、2′、1 向上引垂线，与主视图上断面图各等分点向左所引水平线相交于点 1、2″、3″、4″、5（见图 3-69c）。

2）用曲线平滑连接 1、2″、3″、4″、5 点，便画完主视图结合线（见图 3-69d）。

3. 画下料图

分析：这一制件是由圆管和圆锥管构成，因此圆管部分可按圆管下料法进行放样，圆锥管部分可按圆锥管下料法放样。只是在圆锥管上开孔画法有点特殊。

作图步骤：

（1）画圆管下料图。

1）借助主视图，向上作 CD 边的延长线，并在延长线上截取线段 55，长度为 πd；将线段 55 进行八等分，等分点分别为 5、4、3、2、1、2、3、4、5（见图 3-70）。

2）过 5、4、3、2、1、2、3、4、5 点向左引水平线，与过主视图上 1、2″、3″、4″、5 点向上所引的垂线相交得交点（注意：点对点，线对线）。

3）用曲线平滑地将各交点连接起来，即完成了圆管下料图。

（2）画圆锥管上所开孔的展开图。

1）在俯视图上过 1、2′、3′、4′、5 点画圆锥管素线 O2°、O3°、O4°（见图 3-70）。

2）在主视图上用旋转法求结合线实长。过 1、2″、3″、4″、5 点向左引水平线，交母线于 1、2、3、4、5 点，则 O1、…、O5 为各点距锥顶的实长。

3）以 O 为圆心，OA 为半径画弧；然后在俯视图上的底圆周上分别量取圆弧 3°2°、2°4°、4°5°的弧长；再到锥管下料图的底圆周展开长度上量取相应的弧长，并确定各点（注意：下料图上 3°、2°、4°、5°、4°、2°、3°点不是等分点，而是通过弧长确定的点）。

4）在下料图上过 O 点分别与 1、2°、3°、4°、5 点连线，与以 O 点为圆心，以 O1、O2、O3、O4、O5 为半径所画的弧相交得交点；用曲线将各交点平滑连接，便完成圆锥管上孔的下料图（见图 3-70）。

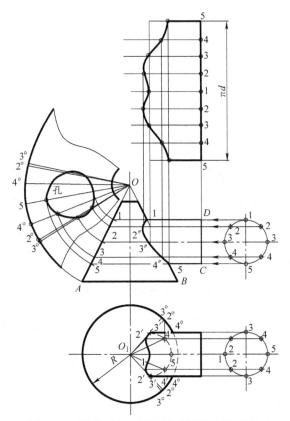

图 3-70　圆管平交正圆锥管下料图（展开图）

十二、圆管偏心直交正圆锥管的下料（展开）

已知尺寸：圆锥底圆直径 D，圆管直径 d，圆管上口距圆锥底面 h，圆管轴线距圆锥管轴线距离 l。

⚒ **作图步骤：**

1. 画主、俯视图

（1）根据已知尺寸画主、俯视图外框（见图 3-71a）。

（2）求结合线。

1）在俯视图上将圆管上口八等分，等分点为 1、2、3、…、3、2、1（见图 3-71a）。

2）在俯视图上连接 O_1 与 1、2、3、…、3、2、1 点并延长到圆锥底圆周上的 1′、2′、3′、4′、5′点；过 2′、3′、4′点向上引垂线交主视图圆锥底圆投影线上的 2′、3′、4′点，过 2′、3′、4′与 O 连线（见图 3-71a）。

3）在俯视图上过 1、2、3、4、5 点向上引垂线，与主视图上 $O2′$、$O3′$、$O4′$ 相交于点 2″、3″、4″（见图 3-71b）。

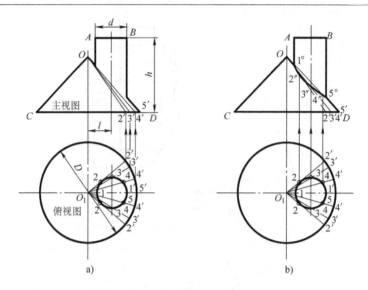

图3-71 圆管偏心直交正圆锥的主、俯视图及结合线画法

4）用曲线平滑连接1°、2″、3″、4″、5°点，即完成了结合线的画法。

2. 画下料图 从图中可以看出，圆管部分按圆管下料方法下料，圆锥部分按圆锥下料方法下料，只是圆锥上孔的下料需要用相应的弧长进行分段引素线。

（1）画圆管下料图

1）过主视图B点向右引水平线并确定线段长11；将线段11进行八等分，等分点为1、2、3、…、3、2、1；过1、2、3、…、3、2、1向下引垂线与从主视图的1°、2″、3″、4″、5°点向右引的水平线相交得交点（注意：点对点，线对线）。

2）用曲线平滑连接各交点，并用直线封闭其他三面，便完成了圆管下料图（见图3-72）。

（2）画圆锥孔的下料图。按圆锥下料法画一圆锥下料图，这里只画了一部分（见图3-72）。

1）结合线上各点到O点实长求法。过1°、2″、3″、4″、5°点向左引水平线交圆锥母线于1、2、3、4、5点，则O1、…、O5反映实长（见图3-72）。

2）在俯视图上分别量取弧长2′3′、3′4′、4′5′到圆锥放样图的底圆展开线上确定相应的弧长，如图3-72所示。

3）过O点分别与2′、3′、4′、5′、4′、3′、2′连线，与以O点为圆心，以O1、…、O5为半径所画的圆弧分别相交得交点。

4）用曲线平滑连接各交点，便完成了孔的放样。

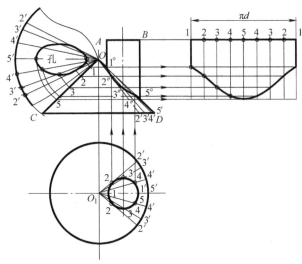

图 3-72 圆管偏心直交正圆锥的下料图（展开图）

十三、长方形管偏心平穿正圆锥管的下料（展开）

图 3-73 是长方形管偏心平穿正圆锥管的主视图和俯视图。已知尺寸为 a、b、D、d、h_1、h_2、h_3、R、r。

作图步骤：

1. 用已知尺寸画主、俯视图（见图 3-73）

2. 画下料图 先画圆锥管下料图，再画长方形管下料图。

（1）正圆锥管Ⅰ下料图画法。

1）在以点 O 为圆心，以 OA 为半径在所画圆弧上截取 A_1A_2 等于大头半圆周长 πD，并将圆弧四等分；过等分点与 O 连线，便把圆锥扇形四等分（见图 3-74）。

2）在主视图上过 2、5 点向在画水平线交 BA 于 2、5 点；以 O 为圆心，以 $O2$、$O5$ 为半径画弧，与扇形上的四等分线上的中间三条线分别相交于 1、2、1 点和 6、5、6 点（见图 3-74）。

3）用两圆弧分别连接 1、2、1 点和 6、5、6 点，用直线连接 1、6 点，便完成正圆锥管孔的下料（见图 3-74）。

（2）长方形管Ⅱ下料图画法（见图 3-74）。

1）在水平线上取 11 等于长方形里皮断面伸直长度；在由各棱点分别引垂

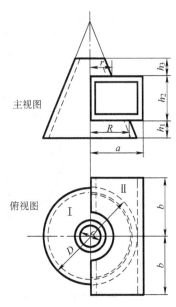

图 3-73 长方形管偏心平穿
正圆锥管的主视图和俯视图

线上取已知 b，再过 b 两端点画水平线即得出 II 长方形图。

2）再画切去的部分。在长方形最右端，以点 1 为圆心，以 r 为半径画半圆得点 1′、1′；过点 1′、1′向左画水平线交于长方形最左边线于 1′、1′点。

3）以点 6 为圆心，以 R 为半径画半圆交于 6′、6′点；用直线连接 1′、6′点，并用粗实线封闭四周，便完成长方形管下料图。

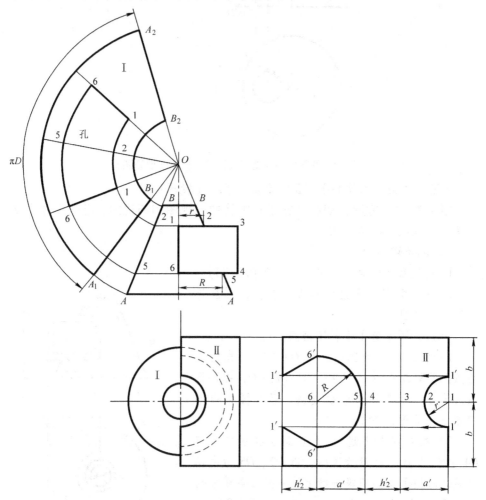

图 3-74　长方形管偏心平穿正圆锥管的下料图

十四、圆锥—圆管两节 90°弯头的下料（展开）

图 3-75 所示为圆锥—圆管两节 90°弯头的主视图和俯视图，已知尺寸为 a、h、D、d、t。

分析：从图 3-75 可以看出，该物件实际上是由一节斜截口正圆锥管和一斜截圆管组合而成。那么可以按斜截口正圆锥管和圆管的下料方法来下料。我们可以分两步进行下料。

✎ **作图步骤：**

1. 画主视图、左视图及圆锥底口断面图 如图 3-75 所示。

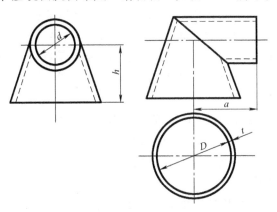

图 3-75 圆锥—圆管两节 90°弯头的主视图和俯视图

2. 画下料图

（1）斜截圆锥管的下料（见图 3-76a）。

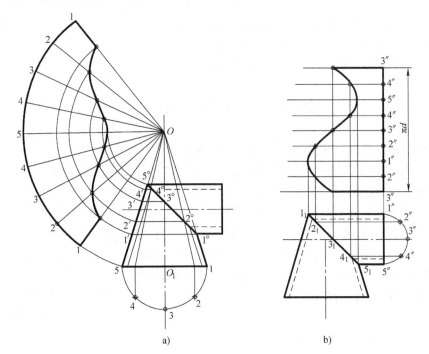

a) b)

图 3-76 圆锥—圆管两节 90°弯头下料图（展开图）

1）以 O_1 为圆心，以 $O_1 5$ 为半径画圆锥管底圆断面图半圆，并进行四等分，等分点为1、2、3、4、5；过等分点向上引垂线，与圆锥底圆投影线相交得交点；过各交点与 O 连线，分别和结合线相交于 1°、2°、3°、4°、5° 点。

2）用旋转法求结合线上 1°、2°、3°、4°、5° 点的实长；过 1°、2°、3°、4°、5° 点向左画水平线，分别交斜圆锥母线于 $1'$、$2'$、$3'$、$4'$、$5'$ 点。

3）画一圆锥放样图。以 O 为圆心，以 $O5$ 为半径画弧，弧长为斜圆锥管底圆周长，并进行八等分，等分点为1、2、3、…、3、2、1；过1、2、3、…、3、2、1点分别与 O 连线。

4）分别以 O 为圆心，以 $O1'$、$O2'$、$O3'$、$O4'$、$O5^\circ$ 为半径向左画弧，分别与扇形上素线 $O1$、$O2$、$O3$、…、$O3$、$O2$、$O1$ 相交得交点；用曲线平滑地连接各交点，便完成所求（注意：点对点，线对线）。

(2) 斜圆管的下料。

1）在圆管右端画圆管口一半的断面圆，并进行四等分，等分点为 $1''$、$2''$、$3''$、$4''$、$5''$；过 $1''$、$2''$、$3''$、$4''$、$5''$ 点向左画水平线，与结合线相交于点 1_1、2_1、3_1、4_1、5_1。

2）过圆管右端口投影线向上引直线，并在直线上取线段 $3''3''$ 等于 πd；对此线段八等分，等分点为 $3''$、$4''$、$5''$、$4''$、…、$1''$、$2''$、$3''$；过 $3''$、$4''$、$5''$、$4''$、…、$1''$、$2''$、$3''$ 点向左画水平线，与过结合线 1_1、2_1、3_1、4_1、5_1 点向上所画的垂直线相交得交点（注意：点对点，线对线）。

3）用曲线平滑连接各交点，并封闭其他三面，即完成所求。

第五节　三角形法下料

一、圆顶方底（天圆地方）管的下料（展开）

图 3-77 所示为圆顶方底（天圆地方）管的立体图。图 3-78 所示为制件的主、俯视图和下料图。图中已知尺寸为 l、D、H。

上圆下方的变形接管，由四个等腰三角形和四部分斜圆锥面所组成。等腰三角形两腰为一般位置直线，需要求出实长。对斜圆锥面可以等分斜圆锥底圆（此制件斜圆锥底圆在上面），并作出过等分点的素线，求出所作素线的实长。

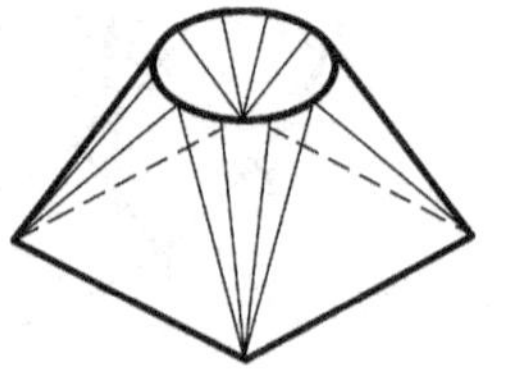

图 3-77　圆顶方底
（天圆地方）管的立体图

作图步骤：

1. 画主视图和俯视图（见图 3-78a）

2. 求素线的实长　用直角三角形法求部分斜圆锥管的实长。

（1）在俯视图上将圆顶的 $\frac{1}{4}$ 进行三等分，等分点分别为1、2、3、4；过 a 点与各点用直线连接得4条素线，f_1、f_2 各两条。

（2）过主视图的上圆面投影线和下方面投影线向右引水平线，并以制件高 H 为三角形的一条直角边，以俯视图上的素线 f_2 为三角形的底边，用直线连接 K、M，则 f_2'（直线 KM）就是素线 f_2 的实长；用同样的方法可得 f_1' 是素线 f_1 的实长。另外，在俯视图上方底边反映实长；在主视图上等腰三角形在左右两面的投影积聚为一条线，但左右两面等腰三角形的高反映实长。

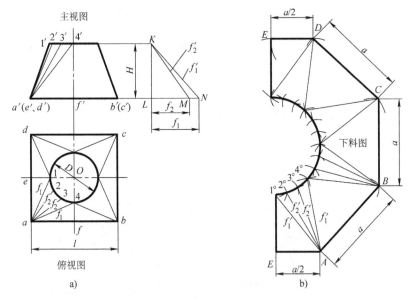

图3-78　圆顶方底（天圆地方）管的主、俯视图和下料图

3. 画下料图　根据制造工艺的要求，可在一个等腰三角形的中线处以接缝为起始边进行放样。

（1）从中线 $1e$ 处分开，作 EA 等于 ea，并由 E 作 EA 的垂线 $1°E$，且 $1°E$ 等于 $1'e'$；连接 $1°$、E、A，便画出等腰三角形的一半（见图3-78b）。

（2）以 A 为圆心，以 f_2' 为半径画弧，与以 $1°$ 为圆心，以俯视图上圆弧12为半径画弧相交于 $2°$ 点；同理，以 A 为圆心，以 f_2' 为半径画弧，与以 $2°$ 为圆心，以俯视图上圆弧12为半径画弧相交于 $3°$ 点；再以 A 为圆心，以 f_1' 为半径画弧，与以 $3°$ 为圆心，以俯视图上圆弧12为半径画弧相交于 $4°$ 点。这样就完成 $\frac{1}{4}$ 圆弧的放样。

以点 A 为圆心，以 a（a 指下料图中的等腰三角形底边的长度，$a=l$）为半径画弧，与以 $4°$ 点为圆心，以 f_1' 为半径画弧相交于 B 点；然后以 B 为圆心用上述方法分别确定各交点；最后用曲线平滑连接各交点，即完成顶圆的展开；用直线描深各边便完成所求。

二、厚板圆顶方底（天圆地方）管的下料（展开）

圆顶方底过渡连接管是工厂中应用较广的一种变口连接管。其表面是由四个全等斜圆锥和四个三角形平面组成。这类构件通常为薄板，下料尺寸：圆为中径、方为里口、高为中径到里方垂直距离，如图3-79a所示。图中已知外形尺寸为A、D、H及板厚t。

作图步骤：

（1）用已知尺寸画出主视图，并经板厚处理画出放样图。

（2）用素线分割$\frac{1}{4}$斜圆锥面为若干三角形，即三等分放样图$\frac{1}{4}$圆周，等分点为1、2、3、4；连接各点与B（B1 = B4，B2 = B3）。

（3）求实长线。以各素线水平投影长为底边，以其正面投影高度为对边所作直角三角形，其斜边反映实长，如实长图所示。

（4）画下料图。画法同"圆顶方底（天圆地方）管的下料（展开）"的下料图画法。

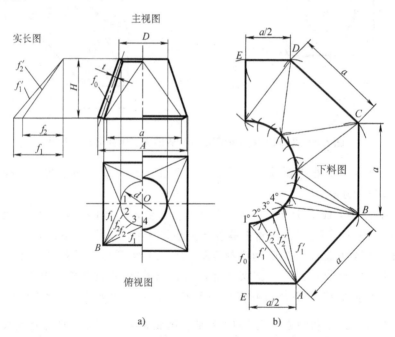

图3-79 厚板圆顶方底（天圆地方）管的主、俯视图和下料图

三、圆顶长方底过渡连接管的下料（展开）

图3-80所示为圆顶长方底过渡连接管。过渡线由底口长方四角点与顶圆直

径端连线，分连接管为四个全等斜圆锥面和两组不同的等腰三角形面。图中已知外形尺寸为 A、B、D、h、t。

作图步骤：

（1）用已知尺寸画出主视图、俯视图、左视图，并经板厚处理同时画出放样图（轴线以右为视图，轴线以左为放样图）。放样图尺寸为：顶口按中径 d，底口按长方里口 a、b，高按中径至底里口垂直距离 h。

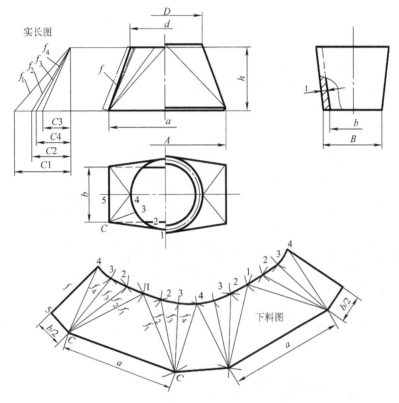

图3-80　圆顶长方底过渡连接管的下料（展开）

（2）用素线分割 $\frac{1}{4}$ 斜圆锥面为若干三角形，即适当划分放样图 $\frac{1}{4}$ 圆周为3等份，等分点为1、2、3、4；连接各点于 C，则分 $\frac{1}{4}$ 斜圆锥面为三个展开单元三角形。

（3）求实长线。用直角三角形法求各素线实长，即以各素线水平投影长为底边，以其正面投影高度为对边所作直角三角形，其斜边反映实长，如实长图所示。

（4）画下料图。画 CC 等于长方里口 a，以 C、C 为圆心，以实长图 f_1 为半径分别画弧相交于1点；以1为圆心，以俯视图等分圆弧12长为半径画弧，与以 C 为圆心，以实长图 f_2 为半径画弧相交于点2；以2为圆心，以俯视图等分圆弧23长为半径画弧，与以 C 为圆心，以实长图 f_3 为半径画弧相交于点3；以3为圆心，以等分圆弧34长为半径画弧，与以 C 为圆心，以实长线 f_4 为半径画弧相交于点4；再以4为圆心，以主视图 f 为半径画弧，与以 C 为圆心，以 $\frac{b}{2}$ 为半径画弧相交于5点；通过各点分别连成曲线和直线，即得连接管一半下料图。用此画法，另一部分即可画出（见图3-80）。

四、圆顶圆角方底连接管的下料（展开）

图3-81为圆顶圆角方底连接管的主俯视图、实长图和下料图。已知尺寸为 a、b、d、C、t、h、r。

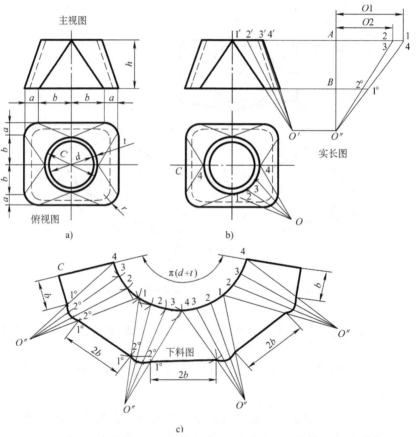

图3-81　圆顶圆角方底连接管的主俯视图、实长图和下料图

分析：该制件属于天圆地方类制件，只是在方底四角处有圆角，该制件四个

角处分别是由 $\frac{1}{4}$ 斜圆锥台构成，而四个面由等边三角形构成。四个斜圆锥台在求

其素线实长时，可以将斜圆锥台两边素线延长按斜圆锥 $\frac{1}{4}$ 斜圆锥处理，可用三角

形法求实长。

作图步骤：

1. 画主、俯视图　根据所给尺寸画主、俯视图（见图3-81a）。

2. 实长线的求法　如图3-81b所示，借助主视图和俯视图，在俯视图上将

$\frac{1}{4}$ 斜圆台上口进行三等分，等分点为1、2、3、4，并将边线延长到 O，通过

"主、俯视图——长对正"确定主视图 1′、2′、3′、4′及 O' 点；过主视图上、下

两边向右作水平线（水平线之间高度是 h），作一垂直竖线交水平线于 A、B 两

点并延长于 O''；在俯视图上分别量取 $O1$（或 $O4$）、$O2$（或 $O3$）到由主视图上

向右所引的水平线上；以 A 点为起点确定三角形一边，而另一边则是 AO''（见图

3-81b）；分别连接 $O''1$、$O''2$，则斜边即斜圆锥实长线，即 $O''1$、$O''2$ 为 $\frac{1}{4}$ 斜圆锥

实长线，而 $11°$、$22°$ 为 $\frac{1}{4}$ 斜圆锥台的实长线。

3. 画下料图　我们将主视图左侧三角形的中线（三角形的高 $4C$）定为起始

线。可以看出，在主视图上左侧三角形整个面包括高在内已经积聚成了一条线，

因此，主视图左侧边反映三角形高的实长。

(1) 以 $4C$ 为起始边，以长为 b 的直线连接并垂直于 C 点；取实长线 $1O''$ 长

连接 $41°$ 端并延长到 O''（见图3-81c）；以 O'' 为圆心，以 $O''2$ 为半径画弧，与分

别以4、3、2为圆心，以俯视图上圆弧 12 长为半径所画弧相交于3、2、1点；

分别以4、3、2、1点为圆心，以 $11°$、$22°$ 为半径画弧，与实长线相交于点 $1°$、

$2°$ 点；分别用曲线平滑地连接1、2、3、4点及 $1°$、$2°$、$2°$、$1°$ 点，即完成 $\frac{1}{4}$ 斜

圆锥管上、下口下料曲线画法。

(2) 在下料图中以 $1°$ 点为圆心，以 $2b$ 为半径画弧，与以点1为圆心，以

$11°$ 为半径所画弧相交于另一侧的 $1°$ 点，用直线连接 $1°1°$，即等腰三角形底边；

用直线连接 $11°$ 并延长到 O''，则 $1O''$ 为斜圆锥实长线。再画一个 $\frac{1}{4}$ 斜圆锥管，作

图方法与上述方法相同，这里不再赘述。

(3) 在下料图中，用曲线平滑连接上口各点，并用直线封闭下料图四周，

即完成所求（见图3-81c）。

五、方顶圆底连接管的下料（展开）

图 3-82 是方顶圆底连接管的视图和下料图。已知尺寸为 a、h、t、d_1。

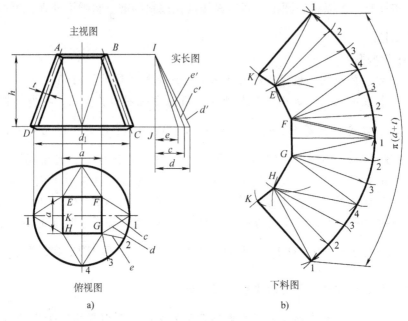

图 3-82 方顶圆底连接管的视图和下料图

作图步骤：

1. 根据已知尺寸画主、俯视图（见图 3-82a）

2. 求实长（用三角形法）

(1) 在俯视图上三等分 $\frac{1}{4}$ 圆周，等分点为 1、2、3、4；用直线连接等分点与 G 点，得出投影线 c、d、e。

(2) 在主视图上过 B、C 两点向右作水平线上；作垂线 IJ，在俯视图上量取 c、d、e 长，由 J 点向右确定 c、d、e 长，并连接到 I 点，即得出实长线为 c'、d'、e'（见图 3-82a）。

3. 画下料图（见图 3-82b）

(1) 由中间开始向上下进行，画竖直线等于俯视图 FG；分别以点 F、G 为圆心，以实长线 d' 作半径画圆弧相交于点 1；然后以 G 点为圆心，以 e' 为半径画弧，与以点 1 为圆心，以俯视图等分点之间弧长为半径（如以弧长 12 为半径）画弧相交于点 2；再以点 2 为圆心，以弧长 12 为半径画弧，与以 G 点为圆心，以 e' 为半径画弧相交确定 3 点；以 G 点为圆心，以 d' 为半径画弧，与以点 3 为圆心，以弧长 12 为半径所画弧相交于点 4。即确定了 $\frac{1}{4}$ 底圆弧长。

（2）以 G 点为圆心，以 a 为半径画弧，与以点 4 为圆心，以 d' 为半径所画圆弧相交于点 H，后续的作图方法同（1）。

（3）画三角形一半时，以 H 为圆心，以 $\dfrac{a}{2}$ 为半径画弧，与以点 1 为圆心，以 c' 为半径所画弧相交于 K 点；连接 H、K、1，即完成了半个三角形画法。这只完成了下料图的一半，另一半画法同以上画法。

（4）用曲线平滑连接 1、2、3、4、3、…、3、2、1 点，并用直线封闭图形，即得所求。

六、上方下圆两节弯头的下料（展开）

图 3-83 所示是上方下圆两节弯头的主视图和断面图。图中已知尺寸为 a、d、h、α。

1. 重合断面图的画法

🛠 **作图步骤：**

如图 3-84 所示，用已知尺寸画出主视图和上下两端口的重合断面图。由于两节制件中心线长相等，因此，在接口断面上分别取 $1A$ 和 $D5$ 的中点 6 和 13，过 6 和 13 两点作 15 的垂直线段与上下两线相交，过其交点作水平线，与 BC 相交，再以 BC 上交点为圆心平滑连接直线段，即画出接口断面图。将接合线断面的投影点移到主视图接合线上画辅助线。

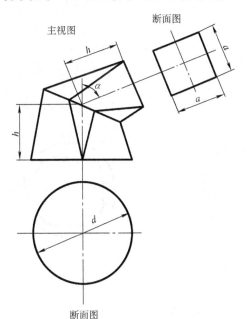

图 3-83　上方下圆两节弯头的
主视图和断面图

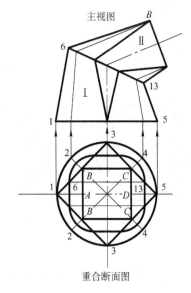

图 3-84　上方下圆两节弯头的
主视图和重合断面图

2. 制件 I 下料图画法

A 作图步骤:

(1) 将图3-84中 I 的主视图和重合断面图照画（只画制件 I），如图3-85a 所示。

(2) 在重合断面图上将底圆进行八等分，等分点为 1、2、3、…、3、2、1；将接合线上所画的 4 个圆弧分别进行二等分，等分点分别为 7、8、9、10、11、12，12、11、10 和 9、8、7；连接对角线 18、83、311、115，如图3-85b 所示。

(3) 用支线法求俯视图上所引各线段实长。有关支线法的内容请读者参看第二章第五节"线段实长的求法"。

1) 在重合断面图上求各线端点之间的垂直距离。例如：直线18两端点1和8之间的距离就是 b。因此，各线端点之间的垂直距离分别是 b、c、e、f、g。如图3-85c所示。

2) 作重合断面图上各线段在主视图上的投影，并过一端点作垂线（任意一点都可以，要根据作图方便而定），垂线的长度是从重合断面上量取的相应投影两端点的垂直距离，然后用直线连接投影另一端点和垂线的另一端点，所引直线即该投影的实长线。为清晰起见，图上用双点画线表示实长线（见图3-85c）。为便于理解，这里举例说明一下。

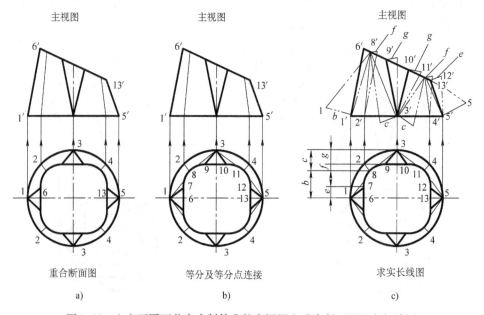

主视图	主视图	主视图
重合断面图	等分及等分点连接	求实长线图
a)	b)	c)

图3-85 上方下圆两节弯头制件 I 的主视图和重合断面图及实长线图

【例】 求18线的实长。

根据三视图投影规律，18线在主视图上的投影是 1′8′线；过1′点作垂线，垂

线长度为 b，垂线另一端点为 1；用双点画线连接 18′，则 18′就是投影 18 的实长。

　　读者可能看到图 3-85c 求实长线图比较乱，我们不妨用这样的方法去看：在看每一个投影和实长线求法和画法时，可以假想地认为其他投影和实长线都不存在，只有这一条投影和实长线，这样就容易分辨了。

　　（4）画制件 I 下料图（展开图）　如图 3-86 所示。

　　1）以重合断面图的 16 实长线为起始线，过 6 点画垂线 67（在图 3-85c 的重合断面图上量取线段 67，67 反映实长，因 67 是正垂线）。

　　2）以 1 为圆心，以实长 18′为半径画弧，与以点 7 为圆心，以弧长 78 为半径（弧长 78 在重合断面图上量取）所画的弧相交于点 8。

　　3）以点 8 为圆心，以 28 的实长线为半径画弧，与以点 1 为圆心，以重合剖视图的弧长 12 为半径所画弧相交于点 2。同理，确定了点 3 和点 9。

　　4）点 10 的确定。以点 9 为圆心，以图 3-85c 主视图上的 9′10′为半径画弧（910 是正平线，反映实长），与以 3 为圆心，以 310 的实长为半径所画的弧相交于点 10，用

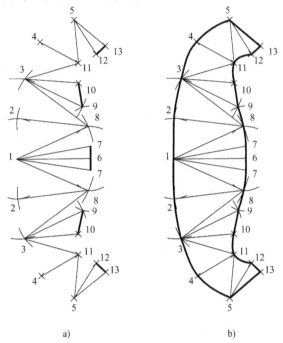

图 3-86　上方下圆两节弯头制件 I 的下料图（展开图）

直线连接 9、10。后续各点的确定方法同以上步骤，如图 3-86a 所示。

　　5）需要画直线部分，在图 3-86a 中已经画出，其余各点用曲线平滑连接即可，再用直线连接 5、13，即完成制件 I 的下料（展开）。

　　3.制件 II 下料图画法（见图 3-87）　将图 3-84 制件 II 的主视图和重合断面图照画，如图 3-87a 所示。用主视图投影支线法求实长线。在由主视图各投影的一端所作的垂线上，分别取重合断面图各线的端点在垂直方向的距离为线段长度，将其各点连成斜线，即为所求的实长线（注：和制件实长线的求法相同）。用重合断面图的弧长和边长，以及主视图的实长线画展开图。

　　作图步骤：

　　（1）画水平线 6A 等于主视图 6′B；通过点 6、A 作垂线，上下分别取重合断面图 67、AB，得点为 7、B。

（2）以点 B 为圆心，以主视图中的实长线 $8B$ 为半径画圆弧，与以点 7 为圆心，以重合断面图中的弧长 78 为半径所画的圆弧交于点 8。

（3）以点 B 为圆心，以主视图中实长线 $9B$ 为半径画圆弧，与以点 8 为圆心，以重合断面图中的弧长 89 为半径所画的圆弧交于点 9。同理可得到其他各点，将各点连成曲线和直线，即为制件Ⅱ下料图（展开图）。

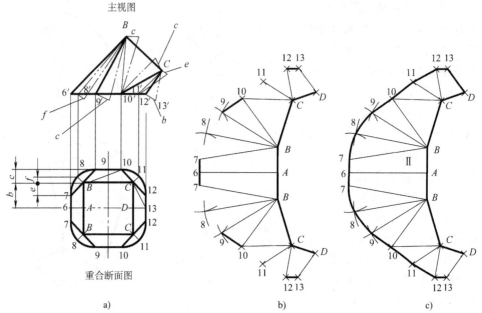

图 3-87 上方下圆两节弯头Ⅱ的主视图、重合断面图和下料图（展开图）

七、方口渐缩直角弯头的下料（展开）

图 3-88 是方口渐缩直角弯头立体图，它由部分圆柱面和螺旋面组合而成。圆柱面可用平行线法展开；螺旋面则用三角形法近似展开。为使图面清晰，本例以薄板为例。图中已知尺寸为 a、b、R（见图 3-89）。

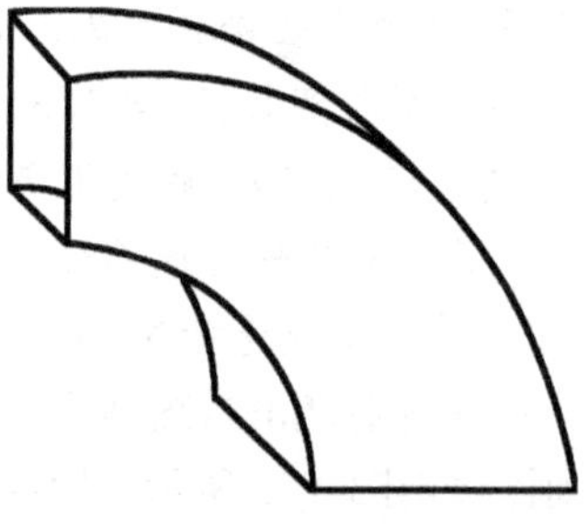

作图步骤：

1. 画出主视图和左视图（见图 3-89）

2. 用三角形分割螺旋面 即在主视图适当划分内、外螺旋面各为 4 等份，等分点为 O、2、4、6、8 和 1、3、5、7、9；以双点画线和细实线顺次连接各点（盘线），并求出各点的侧面投影，则分螺旋面为 8 个展开单元三角形平面。

图 3-88 方口渐缩直角弯头的立体图

3. 求实长线 主视图中各细实线 23、45、67 为正平线，反映实长，不需要再求了；各点画线可用直角三角形法求其实长，即以各线投影高度为对边、以其侧面投影长为底边所作直角三角形，其斜边则反映各对应线段的实长，如3-91实长图所示。

4. **画下料图**　先画内、外侧板下料图，然后画前、后板下料图。

（1）内侧板下料图（见图3-89）。

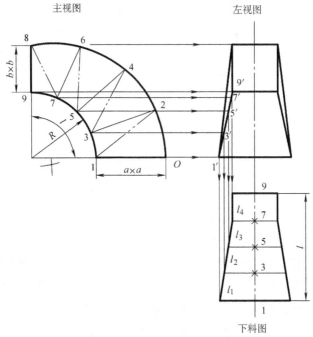

图3-89　方口渐缩直角弯头的内侧板下料图

1）在左视图下方取线段19等于弧长 l，并对线段19进行四等分，等分点为1、3、5、7、9。

2）过等分点1、3、5、7、9作水平线，与过左视图上 $1'$、$3'$、$5'$、$7'$、$9'$ 向下所引的垂线相交于一点；用曲线平滑连接各交点，即画完一侧结合曲线；另一侧结合曲线所画方法同上述步骤。

（2）外侧板下料图（见图3-90）。画图方法同内侧板下料图画图方法，这里不再讲解，请读者看视图体会。

（3）前（后）板展开法（见图3-91）。画 $1''O''$ 等于大口边长 a。以 $1''$ 为圆心，以实长图 f_1 为半径画弧，与以 O'' 为圆心，以外侧板下料 L_1（L_1 是主视图弧长 $O2$；L_2、L_3、L_4 分别是弧长24、46、68）为半径画弧相交于 $2''$ 点。以 $2''$ 为圆心，以主视图 f_2 为半径画弧，与以 $1''$ 为圆心，以内侧板下料图 l_1（l_1 是主视图弧长13；l_2、l_3、l_4 分别是弧长35、57、79）为半径画弧相交于 $3''$ 点。以下同样用实长线和内外侧板下料图各弧长依次求出各点，分别连成光滑曲线，得前板下料图。

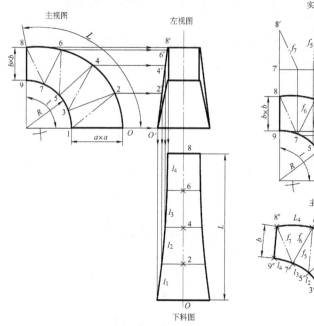

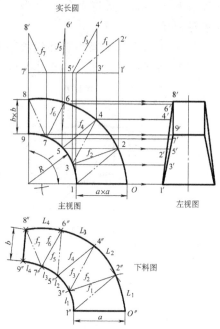

图 3-90 方口渐缩直角弯头的
外侧板下料图

图 3-91 方口渐缩直角弯头的
前、后板下料图（展开图）

如果是厚板件，需进行板厚处理。内、外侧板展开长度 L、l 取板厚中心弧长，a、b 为里口尺寸，主视图以板厚中心弧为准作图。

四板连接形式采用前、后板半搭左、右板。前板大口尺寸为 $a+t$、a，小口尺寸为 $b+t$、b，见图 3-92。

注：此内容参考了梁绍华编著的《钣金工放样技术基础》一书。

八、鼓风机用导风管的下料（展开）

图 3-93 所示为鼓风机用导风管，它由不同曲率的圆柱面和螺旋面组合而成。图中已知尺寸为 a、b、c、d、f、R、r 及 β。

作图步骤：

（1）先用已知尺寸画出主视图，并适当划分内、外轮廓线为 6 等份，等分点为 1、3、5、…、13 和 2、4、6、…、14；以点画线和细实线顺次连接各点，则分螺旋面为 12 个三角形（见图 3-93）。

（2）根据主视图内、外轮廓线 l、L 及导风管侧视图投影尺寸 c、d，在左视图上、下位置先作出内、外侧板的下料图。

（3）画左视图。由主视图外、内轮廓线各点向右引水平线，与由外、内侧板下料图各点上、下所引竖直线对应交点连成曲线，为导风管侧面投影，完成左视图。

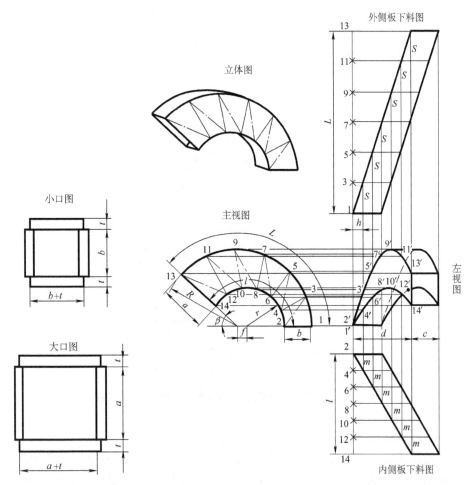

图 3-92 方口渐缩直角弯头
的板厚处理和对接形式

图 3-93 鼓风机用导风管的
立体图、主左视图和内外侧板下料图

（4）求实长线。用支线法求实长。即在主视图以各点画线为底边，由线的任意端点引垂线为对边等于左视图 h 所作直角三角形，其斜边则反映各点画线的实长（在图中用双点画线表示），并分别以 f_1、f_3、f_5、$\cdots$、f_{11} 表示。主视图中各细实线 f_2、f_4、$\cdots$、f_{10} 为正平线，反映实长，不需要另求。

（5）画下料图（见图3-94）。在主视图中，作12等于 b，以1为圆心，以外侧板下料图 S 为半径画弧，与以2为圆心，以主视图实长线 f_1 为半径画弧相交于点3。以点3为圆心，以主视图 f_2 为半径画弧，与以2为圆心，以内侧板下料图 m 为半径所画圆弧相交于点4。以下同样用实长线 f_n 及内、外侧板下料图 m、S 顺次作图得出各点，分别连成光滑曲线，得前、后板的下料图。

如果是厚板件，需进行板厚处理，即主视图内、外轮廓线为板厚中心弧，b、

c 为里口尺寸，t 为板厚。四板连接形式：前、后板半搭内、外侧板（见前例上、下口断面尺寸）。上口尺寸为 $a+t$、c，下口尺寸为 $b+t$、c。

注：此内容参考了梁绍华编著的《钣金工放样技术基础》一书。

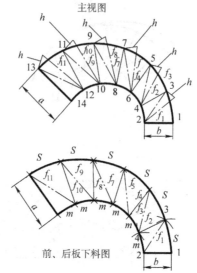

图3-94　鼓风机用导风管前、后板下料图

第六节　特殊制件下料图画法

一、螺旋机叶片的下料

圆柱螺旋叶片是将叶片沿圆柱螺旋线焊接于机轴上作为输送器。例如联合收割机割台上的螺旋推运器（俗称搅龙），就是这种形式的制件。图3-95所示就是一个导程螺旋面，已知尺寸为 D、d、P。

螺旋面的下料图为一开口环圆，可用图解法和计算法画图。

（一）图解法

图解法下料是通过导程 P 和螺旋面的内外圆柱面周长，用直角三角形法分别求出内外螺旋线实长 l、L，再以二分之一 l、L 及叶片宽 h 作直角梯形，求得展开半径 r 作切口环圆即为所求，如展开图所示。

作图步骤：

（1）用直角三角形法求出内外螺旋线实长 l、L。即以导程 P 为对边，取 πd、πD 为底边所作直角三角形，斜边 l、L 即内外螺旋线实长。

（2）作直角梯形 $A21B$，使 $A2 = \dfrac{L}{2}$，$B1 = \dfrac{l}{2}$，$12 = h$（面宽）；连接 A、B 并延长交21延长线于 O，O 点即作下料图环圆中心。

（3）以 O 为圆心，以 $O2$ 为半径画圆弧 23 等于外螺旋线实长 L；连接 O、3，与 O 为圆心，以 $O1$ 为半径所画圆弧相交于点 4，即得环圆展开图。

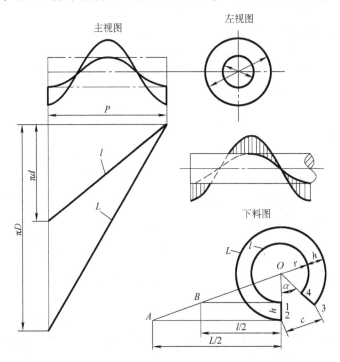

图 3-95　圆柱螺旋叶片的下料（展开）

说明： 在实践中，读者可用先量取好长度为 L 的细铁丝或不变形的线、绳等，在预先画好的下料圆上以点 2 为起点，沿着所画的圆周向前捋，一直顺延到铁丝或绳的末端为止，即得点 3 位置。

（二）计算法

计算展开法是通过已知尺寸 D、d、P 求出有关参数后作出展开。

计算公式：

$$l = \sqrt{(\pi d)^2 + P^2}$$

$$L = \sqrt{(\pi D)^2 + P^2}$$

$$h = \frac{1}{2}(D - d)$$

$$r = \frac{hl}{L - l}$$

$$\alpha = 360° \left[1 - \frac{L}{2\pi (r + h)} \right]$$

$$C = 2(r + h)\sin\frac{\alpha}{2}$$

式中，α 为环圆切缺角（°）；C 为切缺弦长（mm）。

注：此内容摘自梁绍华的《钣金工放样技术基础》一书，略作补充。

二、球面分块下料（展开）

球面分块下料是用经线分割球面为许多圆柱面三角形进行下料，各块下料图相同，呈柳叶形，如图 3-96 所示。

已知尺寸：d。

作图步骤：

（1）用已知尺寸 d 画出球面主视图，如图 3-96 所示。

（2）用经线分割球面为若干三角形（分割的三角形份数越多，做出的球越接近平滑的球面，本例划分主视图圆周为 12 等份）；由等分点向圆心（球心）连线，则分球面为 12 个展开单元三角形。

（3）以三角形直高 R 为半径画断面半圆周，三等分断面 $\frac{1}{4}$ 圆周，等分点为 O、1、2、3；由等分点向左引水平线，得与主视图结合线交点，分别以 a、b、c 表示叶片宽。

（4）画下料图。画水平线 OO 等于断面半圆周长并作六等分；由等分点对 OO 引垂线，取各线长对应等于主视图叶片宽 a、b、c，得出各点分别连成对称曲线，即得所求下料图。

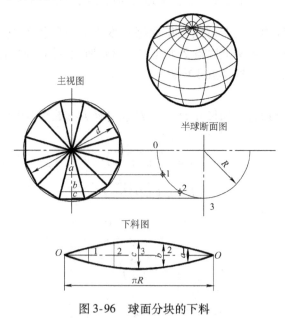

图 3-96 球面分块的下料

第四章 下料加工知识

在下料图画完之后，就要进行材料的划线、下料、剪切、焊接等加工操作。在第三章曾向读者提过画完下料图用纸壳作模型，这里有必要再重提一下，避免在加工过程中造成材料浪费和报废。这一建议就是：请读者或施工人员在下料加工之前要先用纸壳进行下料，然后把纸壳模型料板进行拼接组装成仿真模型，直到确认模型和实物尺寸技术要求一致后，再把模型分解拆开，把拆开的每块模型板当做尺，放到铁板或金属板上用划针进行划线下料。在铁板上划完线后就要进行剪切了，材料的剪切可根据材料的不同采用机械剪切、氧乙炔火焰切割、等离子弧切割等方法，所以划线下料时要根据裁切方法的不同和加工方法的需要留出加工余量，如焊接收缩量、咬边量和加工形变的二次切割量等。如不留或加工余量留得不正确，则可能造成工件的材料浪费和加工浪费。剪切完成就要进行弯曲加工，本章只介绍辊弯和压弯加工方法和工艺。划线下料是一道重要的操作工序，本章先从划线下料开始讲起。

第一节 划线标记和加工余量

一、划线标记

在材料或毛坯上画出所需料板图形和料板界线叫划线。划线可分为平面划线和立体划线。平面划线是在一个平面上划线，立体划线是在几个面上有联系地划线。在实践中平面划线下料用得比较多。

划线后，在画出线上应作记号，打上样冲眼，是为了在以后的剪切、切割、钻孔等加工中避免线条不清楚而影响工作。样冲眼在直线上稍微稀些，在曲线上则应密些，线与线的交点上也要打样冲眼。在机械加工的边界线上，如坡口刨边线上，样冲眼应打得大一些，以备加工后检查时能看清所剩下的样冲眼痕迹（如按线加工时，加工后应留下半个样冲眼）。需占孔中心的样冲眼在画好圆后，应再打大一些，以便钻孔时对准钻头。画圆的中心眼不宜打得很大，因为眼太大时画规中心定不稳，画出的圆不规范。

除打上样冲眼外，还应在各种线上标出加工符号标记，各种符号的表示图形如图4-1所示。

中心线：一般应在中心线的两端各打一组样冲眼，每组样冲眼数量不应少于三个，并在样冲眼两侧作出标记，如图4-1a所示。

标准线：划在下料切断线的内侧，距切断线 10～20mm，并打上样冲眼，作出明显标记，以备检查切料的误差。显然，下料切断线在标准线的外侧，也就是在剪切过程中，切刀要离开标准线 10～20mm 再进行剪切，如图 4-1b 所示。

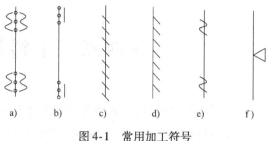

图 4-1 常用加工符号

a) 中心线 b) 标准线 c)、d) 切断线
e) 弯曲线 f) 坡口符号

切断线：如果切断后两边的材料都为工件料时，切断符号线应以 45°斜线点在切断线上，如图 4-1c 所示；如果切断后只有一边是工件料，另一边是余料时切断符号应点在余料的一边，如图 4-1d 所示。

弯曲线：如图 4-1e 所示，需要时还应标明弯曲方向或弯曲角度。

坡口符号：用等边三角形△为开坡口符号，三角形的一个角应指向开坡口部位，如图 4-1f 所示。

二、加工余量

下料时要考虑的加工余量有切割余量、焊接收缩量、加工后的二次切割余量等，对各种余量的留出要根据工件的具体施工情况来分析。

1. 切割余量和二次加工余量　在下料时，应根据工件的施工要求，考虑留出切割加工余量和二次加工余量。在不进行边缘处理时，如机械加工剪切，可不留余量；氧乙炔火焰切割时应根据材料的厚度留出 1～6mm 的切割加工量；6mm 以下薄板可留出 1～2mm 的切割加工量；14mm 以上板应留出 2～4mm 的加工余量；20mm 以上厚板可考虑留出 3～5mm 以上的切割加工量；一般手工切割比自动切割的加工余量应大出 1～2mm。

二次加工余量一般在 10～20mm 之间。要根据操作者掌握技术的熟练程度来考虑余量的大小，较熟练的老操作者可在 10mm 左右，不熟练的新操作者可在 20mm 左右或超过 20mm。

2. 焊接收缩量　对焊接构件在下料前要对焊接收缩量进行估算。焊接收缩一般来自两个方面，一是下料工件本身的焊接收缩，二是构件整体焊接时变形对它的影响。一般焊缝的收缩量与钢板厚度和接头形式有关，可见表 4-1 和表 4-2。

表 4-1　焊缝纵向收缩近似值　　　　　　　　　　　（单位：mm/m）

对接焊缝	连续角焊缝	间断角焊缝
0.15～0.3	0.2～0.4	0～0.1

表4-2　焊缝横向收缩近似值

接头类型	对接焊缝				双面角焊缝			
板厚 t/mm	8	14	20	24	8	14	20	24
收缩量/（mm/m）	1.4	1.8	2.2	3.0	1.8	2.0	2.8	3.5

　　对各种情况焊接收缩量的确定，要在施工中不断地进行总结才能做到比较准确，而且要根据焊缝的具体情况来分析，如厚板但焊缝的厚度要求较小时其收缩量也小。表中的数值可作为参考值，在构件制造误差要求不是很高时可作为下料计算值。这里举一例来说明一下确定剪切余量和焊接收缩量的方法。

　　【例】　容器壳体焊接收缩量的计算。

　　图4-2a所示为一个容器壳体的施工图。壳体的内径为2500mm，板厚为10mm，高度为3000mm。壳体外有10圈半圆管的加热管，即在壳体上有20道环向焊缝，此展开料裁切为机械加工，不必考虑裁切加工量。

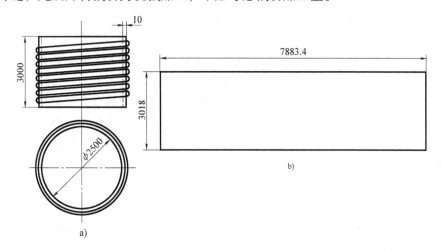

图4-2　容器壳体的展开下料

　　在焊接时，如果只是一道焊缝，收缩量可忽略不计，但焊缝较多时，机件收缩量就较为明显了。因此在下料时就要考虑留出收缩余量，使焊件成形后尽量保持原尺寸。也就是说，焊完后圆管往里缩（圆管直径比原来直径小），高度往矮缩，为保证焊后尺寸和技术要求尺寸基本吻合，就要把料下得大一点，保证焊后尺寸符合设计尺寸。

　　本例壳体以中径展开时，按图样要求的展开尺寸应为7881.4mm×3000mm，［7881.4mm是这样求来的：圆的周长＝直径×3.14＝（2500+10）mm×3.14＝7881.4mm；因壳体以中径展开，所以壳体直径按（2500+10）mm计算］。因焊缝少对尺寸影响不大，可不考虑筒体本身收缩。焊接收缩量估算时，仅考虑半圆加热管的焊接收缩，它的焊缝纵向收缩，从表4-1查得，按0.3mm/m计算，长度为7881.4mm，所以纵向收缩约为2mm［2mm是这样得来的：把7881.4mm单位变成m，即7881.4mm/1000 = 7.8814m，7.8814 m×0.3mm/m = 2.36442 mm≈2mm］。横向焊接收缩因是单面角焊缝，所以按每道缝0.9mm来计算［角焊缝横向收缩量（mm）计算公式为 $\Delta B = C \dfrac{K^2}{\delta}$。式中，$C$为系数，单面焊时$C = 0.075$，双面焊时$C = 0.083$；$K$为焊脚尺寸（mm）；$\delta$为翼板厚度（mm）］，20道焊缝收缩量为18mm。壳体的展开下料尺寸为7883.4mm × 3018mm，如图4-2b所示。按此尺寸下料可保证壳体制造误差在要求范围内。

第二节　咬缝加工余量及排料

一、咬缝加工余量

咬缝成形是把两块板料的边缘折弯（折转）、扣合，彼此压在一起，是制作薄壁（薄铁皮）件常用的一种工艺方法（如制作水桶、薄铁皮房盖等）。

1. 咬缝适用范围　适用于板厚小于1.2mm的普通薄铁板和板厚小于1.5mm的铝板，以及板厚小于0.8mm的不锈钢板。

对咬缝工件的毛料，必须留出咬缝余量，即在下料图线以外留出咬边量，否则制成的工件尺寸小，成为废品。常用的咬缝种类如图4-3所示。图中A线为板Ⅰ和板Ⅱ的分界线，即A点处正是料板的接缝处。如果料板在A点处对接，则所制出来的筒也好，其他器皿也好，是合格成品。A点的位置不同，板Ⅰ和板Ⅱ的加工余量也不同，A点的位置可根据具体情况确定。

咬缝的宽度叫单口量，用S表示。咬缝的宽度S和板厚t有关，其关系可用经验公式表示：$S = (8 \sim 12)t$。当t小于0.7mm时，S不应小于6mm。

2. 咬缝加工余量计算

图4-3a为单平咬缝，A点取在中间，所以板Ⅰ和板Ⅱ的加工余量均为1.5S，即板Ⅰ和板Ⅱ下料的余出量各是咬缝宽度S的1.5倍。

图4-3b为单平咬缝，由于A点取在咬缝近板Ⅱ的一边，所以板Ⅰ的加工余量为S，板Ⅱ的加工余量为2S。

图4-3c为双平咬缝，A点取在咬缝近板Ⅱ的一边，所以板Ⅰ的加工余量为2S，板Ⅱ的加工余量为3S。

图4-3d为外单角咬缝，板Ⅰ和板Ⅱ的加工余量分别为2S和S。

图4-3e为外单角咬缝，板Ⅰ和板Ⅱ的加工余量分别为3S和2S。

图4-3f为立缝咬缝，板Ⅰ和板Ⅱ的加工余量分别为2S和S。

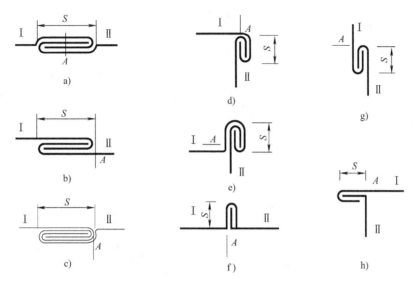

图 4-3　咬缝的种类

图 4-3g 为内单角咬缝，板 I 和板 II 的加工余量分别为 2S 和 S。

图 4-3h 为联合角咬缝，板 I 和板 II 的加工余量分别为 2S 和 S。

3. 各种咬缝的应用　施工中一般所说的咬缝是指应用最多的单平咬缝。这种咬缝具有一定的强度，在通风管道和日常生活中用的盆、壶、炉筒等，常用这种咬缝。立缝单咬缝常用于炉筒拐脖、房盖的纵缝咬缝等；角咬缝也常用在通风管道、盆等咬缝处；联合角咬缝常用于通风管道等的咬缝；房顶水沟常采用双平咬缝。

二、排料

为节约材料，在下料前要根据原材料的尺寸进行排料。排料的目的就是为了最合理、最经济地利用材料，同时也是为了节省工时，提高工作效率，另外还要考虑工件的加工条件。

1. 工件的弯曲方向　钣金用钢板材料一般都是轧制而成，在排料时，当弯曲线与钢板轧制纹路方向垂直时，不易产生裂纹，如图 4-4a 所示。当弯曲线与钢板轧制纹路方向平行时，易产生裂纹，如图 4-4b 所示。当工件需要几个方向弯曲时，应使弯曲线与钢板轧制纹路方向尽可能成一定角度，一般应大于 30°，如图 4-4c 所示。设备制造时要在制造材料中同时下出两块产品试板，同时焊接后检验材料的力学性能，为保证弯曲试验合格，应按图 4-4d 的正确下料方法。

2. 排料方法　对于板材一般是先下大料后下小料，再同时考虑套材。对于型钢材料一般是先长后短。在大批量的同规格尺寸下料时，可采用两点定直线排料法来进行排料。

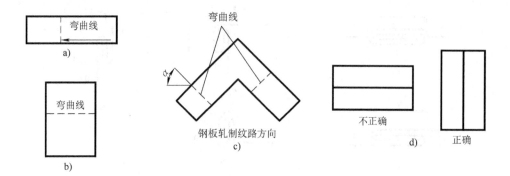

图 4-4　排板的弯曲方向

第三节　剪　切

料板上的线画完后，就要进行剪切了。本节主要介绍机械剪切下料和气割下料两种方法。

一、机械剪切

常用的剪切机械有横入式剪切机、龙门式剪切机和型钢剪切机等。

1）横入式剪切机也叫万能剪床，一端可以剪切钢板，另一端可以冲孔和冲压，即能剪直线，又能剪外弧曲线。

2）龙门式剪切机以剪直线为主，剪刀速度快，效率高。

3）型钢剪切机可剪切各种型钢，速度快，效率高。

钣金加工在生产中多使用龙门式斜口剪床，它的剪切过程是上剪刃开始下材料接触时，材料处于弹性变形阶段，当上剪刃继续下降时，材料切口开始发生断裂，最后分离。

在使用剪床时要合理调整上、下剪刃间的间隙，剪刃的合理间隙主要取决于材料的材质和厚度。合理间隙值是一个尺寸范围，其上限为最大间隙，下限为最小间隙。表4-3列出了剪刃合理间隙的范围。

表4-3　剪刃合理间隙的范围　　　　　　　　　　　（‰）

材料	间隙/板厚	材料	间隙/板厚
低碳钢	5～9	不锈钢	7～11
中碳钢	8～12	铜	6～10
纯铁	5～9	合金铝	6～10
硅钢	7～11	工业铝	5～8

二、气割下料

气割下料应用广泛，方便灵活，便于操作。那么气割前要做好哪些准备、气割中如何进行操作呢？

1. 气割前准备　将工件表面的油污和铁锈清理干净，把工件垫起一定高度，让工件下面留有一定间隙，以利于氧化物铁渣的吹出。然后，检查切割氧流线（风线）的形状。检查时，点燃割炬并调整好预热火焰，随后打开切割氧阀门，观察切割氧流线的形状，使切割氧流线呈笔直面清晰的圆柱体状，并有适当的长度。否则，应关闭所有阀门，熄火后用透针等工具修正割嘴的内表面，使之光滑无阻碍。

2. 气割操作过程　气割开始时，先把铁板边缘预热一段时间，等到略呈红色，把火焰局部移出边缘线以外，并慢慢打开切割氧阀门，等到预热红点在氧流中被吹掉时，再迅速开大切割氧阀门，并随之将割嘴与工件表面倾角由预热时的10°～20°转为90°或其他位置气割，等到飞出氧化铁渣或整个断面割透移动时，即可按预定速度转入正常切割。

气割过程中，如果遇到嘴端部过热或粘堵氧化物铁渣而影响乙炔供气时，割嘴端部会产生鸣爆及回火现象，应迅速关闭预热氧和切割氧阀门，阻止氧气倒流入乙炔管内，消除回火隐患。如果此时割炬内仍然发出嘶嘶的响声，说明割炬内回火还没有熄灭，应迅速关闭乙炔阀门或拔下割炬上的乙炔软管，使回火的火焰气体排出。处理完闭后，应再次检查割炬的射吸能力，确保安全后，才可以点燃气割火焰。

气割快到终点时，应把割嘴向切割反方向略微倾斜，使铁板切割终点的下部提前预热割透，以便收尾时切口整齐。气割完成后，要快速关闭切割氧阀门，并仰起割炬，关闭乙炔阀门，最后关闭预热氧阀门。

第四节　弯曲加工

剪切完毕就要进行弯曲加工了。根据第三章内容，这里只介绍辊弯加工和压弯加工两种方法。

一、辊弯加工

辊弯加工就是利用卷板机，将板材或型材弯曲成所需要的形状的方法。这种方法可将板材弯制成圆筒形、圆锥筒形、双曲度形或变曲度形等工件。

1. 圆筒形工件辊弯　辊弯前要检查卷板机的上辊轴保持上下不动，三根辊轴调整为上下平行，经过几次由小到大的试弯，直到最后达到要求。

操作时，料板一定要放正、对中再开始辊弯。对较大工件的辊弯，为避免其自身重量引起附加变形，应把料板分三个区域，先辊压两头区域，再辊压中间区。必要时还要用吊车吊起配合辊压。

铁板卷管辊圆时，都要先把两头辊压成形，否则，一块铁板辊压完成后，两头会形成直板。先辊压两头，施工中一般叫做钢板打头。施工中常使用的卷板机是下辊不能调整的三辊卷板机。铁板辊圆时在没有四辊卷板机和压力机打头时，可以用弧形胎板在三辊卷板机上进行打头。方法是：选一块比要辊制工件稍宽一些、比工件要厚许多的钢板做胎板，胎

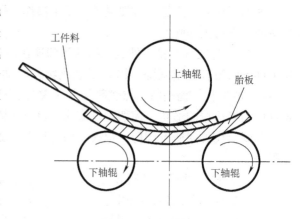

图4-5 工件的打头

板的长度可取1000mm左右。先将胎板辊压出弧度，其弧度应比工件稍大一些。工件打头的方法可见图4-5。将胎板在卷板机上来回辊压，在胎板和上轴辊之间要留有工件板厚左右的间隙。工件在第一次辊压时应及时用圆弧样板检查弧度是否合适，用升降上轴辊改变间隙来调整压力，调整合适后每辊压一个来回就可成形一个板头，在大批量钢板卷管打头时有很高的效率，而且掌握好间隙压力在一张胎板上可对各种不同半径的圆弧进行打头。

2. 圆锥形工件辊弯　实际生产中，经常会遇到圆锥形工件辊弯成形。我们可以利用上下轴辊都能调整的三辊或四辊卷板机进行卷制。这种卷板机下辊之间的距离可以调整，上轴辊两端的高度可以调整。用这种卷板机一般都能很好地成形。但目前大部分施工地点都用三辊卷板机，而且两下辊都不能进行调整，卷板时因工件的平行移动而不能辊压出锥体来。如要生产圆锥形工件，那就要对三辊卷板机上辊进行调整。将上辊两端高度进行调整，在锥体小口的一面调整得稍低些，辊制时将锥体分段辊制，分段越多成形越好，如图4-6a所示。

分段辊制方法：如图4-6a所示，在板料上画出若干条锥面素线，并把板料划分为若干小段，按分段顺序依次进行辊压，先辊压两侧边后再辊压中间部分。通过分段挪动，使板料两端形成进给速度差而成形锥面，并且分段越多，工件挪动次数越多，锥面成形质量越好。

辊弯前将小口一端放在上辊轴距离下辊轴最近的一端（见图4-6b），并将上辊轴在其每小段的中线位置对正压下。为让上辊轴始终能紧压在锥面素线上，还应控制板料两端在辊间不同的挪动（进给）速度，以便获得锥筒的大口与小口。也就是操作人员要灵活掌握进给量和进给速度，压好为止。

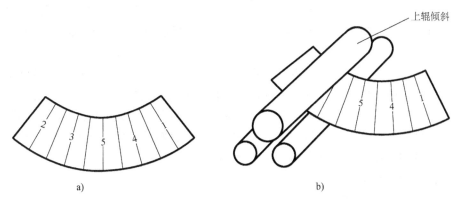

图 4-6 锥形工件的分段辊制

a) 分段排序 b) 板料放置与辊制

在辊弯过程中，必须按顺序一段一段地辊压，依次在每一段内来回辊压，每辊完一段均合格后，随即移动板料，仍然按上述方法再辊制下一段，直到工件锥面弯曲度逐渐形成为止。

辊弯成形后，把板料倒扣于平台之上，检验并修整两直边的直线度，使锥形工件逐渐符合要求。

辊压时要按料板上所标的序号进行辊压。因分段辊制的来回移动和上辊的多次升降使工效较低，而且锥体的成形光滑也不易保证。在不能调整两下轴辊的三辊卷板机上加设挡板就可较好地进行锥体的辊制。其方法如图 4-7 所示。就是在锥体的小口处加设挡板，相当于人用手拿住小口端，不让小口端随着卷板机辊一同往外滚动，控制小口端进料（进给）速度，大口端随着卷板机滚动速度自然滚出，形成了锥体的连续辊制成形。挡板的设置要注意不能和轴辊相摩擦，一般

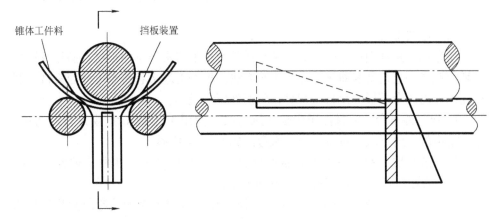

图 4-7 利用挡板辊制锥体的示意图

都设置在轴辊的端部以加大挡板面积,同时还要和卷板机连接牢固。用这种方法辊制锥体时因摩擦损耗,下料时要在锥体小口曲线上留出 5～10mm 的二次加工余量。

3. 角钢(角铁)、槽钢和工字钢工件辊弯   在卷板机的压力和上下辊间高度容许的范围内,可以直接进行角钢、槽钢和工字钢的辊制,圆弧半径较大的角钢也可以成排在卷板机上辊制。为方便辊制,一般用电焊成排点焊,辊制后再拆开,然后将焊点磨光。辊制时应多次反复,根据材料的变形情况来加压,这要靠操作人员的实践经验和操作熟练程度来把握。

在卷板机的轴辊上增加适当的胎具,就可以进行各种单根角钢和钢管的辊制了。辊制方法如图4-8所示。图中所示是两根角钢进行辊制。在卷板机的上辊上加设胎圈,用来防止角钢在辊弯时立面变形,胎圈的设计可以根据角钢

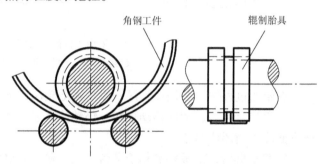

图 4-8   用胎具辊制角钢(角铁)的示意图

面的厚度进行调整,用改换中心圆隔板的厚度来调整,以适应辊制多种规格的角钢。

4. 手工弯曲   在施工中,由于施工条件所限,设备不一定齐全,或工件的生产批量较小,我们就要用手工弯曲加工了。手工弯曲一般是利用手工工具弯曲各种型钢和钢管。工件截面较大时常用手工弯曲。比如角钢大面弯制、吊车梁用工字钢的弯弧和曲率较小的钢管弯弧等,这些操作方法请读者在实践中学习并灵活掌握。

二、压弯加工

压弯加工是利用压弯模,通过冲头在压力机下将常温下的板材、型材或管材毛坯弯曲成一定角度和曲率半径的工艺方法。根据毛坯形状特点可分为板材、型材在模具内压弯成形和角材、管材在胎模外压弯成形。

1. 板材件压弯   板材件压弯是在压力机上使用 V 形或 U 形模进行压弯的,是最基本的弯曲形式,可将板材一次弯曲成 V 形或 U 形。

压弯成形时,材料的弯曲有自由弯曲、接触弯曲和校正弯曲三种方式,图4-9 所示为在压模上进行三种方式弯曲的情况。

图4-9a 中,材料弯曲时仅与凸、凹模具在三条线上接触,弯曲圆角半径 R 是自然形成的,这种弯曲方式叫自由弯曲。

采用自由弯曲,所用压弯力小,在弯曲中要用样板来检查控制弯曲角度或弧

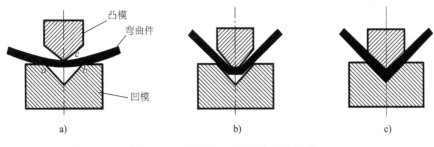

图4-9 材料弯曲时的三种变形方式

a）自由弯曲 b）接触弯曲 c）校正弯曲

度，大量生产时弯曲质量不稳定。这种弯曲方式对模具的要求简单，模具可用钢板边角料组焊成形，对压力机械的压力要求也可降低，同时在施工中可利用下模具 a、b 两点间的距离调整来进行材料各种不同弧度的弯曲成形，在钢板卷管时用样板控制进行卷管的钢板打头。如果把两接触点由平行改成有角度时，还可以进行锥体的打头和弯制。自由弯曲是钣金弯曲施工中最常用的弯曲方法。适用于大型工件的压弯。

图4-9b 中，材料弯曲到两直边与凹模表面平行并紧靠时停止，弯曲件的角度等于模具的角度，而弯曲圆角半径 R 仍然靠自然形成，这种弯曲方式叫接触弯曲。

图4-9c 中，将材料弯曲到与凸、凹模完全靠紧，弯曲圆角半径 R 等于模具圆角半径 r 时才停止弯曲，这种弯曲方式叫校正弯曲。

采用接触弯曲和校正弯曲时，由模具保证弯曲件精度，质量较高而且稳定，但所需要的弯曲力较大，并且制造复杂，费用高，所以多用于大批量生产中的中小型工件的压弯。

2. 角钢件压弯　角钢件压弯分为弯圆和弯角，弯圆又分为角钢边向里弯圆和向外弯圆。弯圆件弯曲程度较小，弯圆角件弯曲程度中等，小于90°锐角件弯曲程度最大。

角钢弯圆时，要用与弯圆圆弧一致的变形工具（胎具）配合弯制。

角钢弯角时，在角钢的一边按先划好的线进行锯切。锯切时要保证在所锯切角中线的两侧所锯切的角度对称和两侧边平整，必要时可以锉平。V形尖角处要清根，以免弯制时切边结合不紧影响质量（见图4-10）。

弯形时，一般将角钢夹在台虎钳上进行，并且根据角钢计算出的最小允许弯曲半径（见表4-4），边弯曲边捶打弯曲处。弯曲的角度越小时，弯曲捶打受力点越稠密，捶打力也越大。

对于退火、正火处理的角钢，弯曲过程可适当加快，而对于没作过热处理的

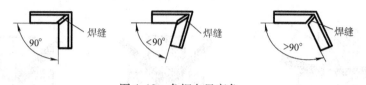

图 4-10 角钢向里弯角

角钢，弯曲时要密打弯曲处，防止裂纹。

现对表 4-4 中简图的情况作以下说明：

表中所有图都是弯曲图，就是已经弯曲完工了，而且还都是局部视图。为什么这么说，因为有圆半径符号 R，记得在第二章里已经特别强调了 R 代表圆半径。所有带剖面线的图形都是断面图，也就相当于把型材横着用刀砍断，然后让我们看横茬。

（1）等边角钢外弯。图上有虚线，说明角钢最里面的棱被遮挡住了（因在图样上，凡是看不见的棱都用虚线画出来）。另外从断面图上也可以看出来角钢是怎么弯制的了。

（2）等边角钢内弯。从图上可以看出，角钢最里面的棱朝向我们，而且图上用实线画出来了。从断面图上也可以看出来，角钢的槽是朝着我们的。注意：图上也有 R，说明也是弯制成形的件了。

（3）槽钢以 $x_0—x_0$ 轴弯曲。和角钢一样，它也有 R，说明已经弯制成形。它也有断面图，从图上可以看出，槽钢槽口朝上。图上虚线是槽里面根部图线。

（4）工字钢以 $y_0—y_0$ 轴弯曲。从图上不难看出，断面图是工字形，和铁轨相似。

（5）圆钢弯曲。从断面图上看出它是实心的，是一条铁棍。

（6）扁钢弯曲。从断面图上看出，它是一块长方形钢板，弯成了圆形或半圆形。

表中"状态"一栏中的"热、冷"是指：热——就是表明工件进行了加热弯曲；冷——在常温下进行弯曲。

下料技术是本着经济、先进、合理的原则，进行各种金属材料加工制造的一门专业技术。这门技术应分为两大部分：一是下料的识图和下料展开技术；二是加工成形技术。这两部分是下料加工的基本技术。在这两部分基础上，较全面地掌握装配、检修的知识和经验，就可以说对这方面技术掌握得较全面了。现场的安装施工范围较广泛，涉及面广、门类多，对各工种知识这里不便一一叙述，请读者在需要的时候，自行查资料或进修学习。

表4-4 部分型材最小弯曲半径计算公式

名　称	简　图	状态	最小弯曲半径 R_{min}
等边角钢外弯		热	$R_{min} = \dfrac{b - Z_0}{0.14} - Z_0 \approx 7b - 8Z_0$
		冷	$R_{min} = \dfrac{b - Z_0}{0.04} - Z_0 = 25b - 26Z_0$
等边角钢内弯		热	$R_{min} = \dfrac{b - Z_0}{0.14} - b + Z_0 \approx 6\,(b - Z_0)$
		冷	$R_{min} = \dfrac{b - Z_0}{0.04} - b + Z_0 = 24\,(b - Z_0)$
槽钢以 $x_0 - x_0$ 轴弯曲		热	$R_{min} = \dfrac{h}{2 \times 0.14} - \dfrac{h}{2} \approx 3h$
		冷	$R_{min} = \dfrac{h}{2 \times 0.04} - \dfrac{h}{2} = 12h$
工字钢以 $y_0 - y_0$ 轴弯曲		热	$R_{min} = \dfrac{b}{2 \times 0.14} - \dfrac{b}{2} \approx 3b$
		冷	$R_{min} = \dfrac{b}{2 \times 0.04} - \dfrac{b}{2} = 12b$
圆钢弯曲		热	$R_{min} = d$
		冷	$R_{min} = 2.5d$
扁钢弯曲		热	$R_{min} = 3a$
		冷	$R_{min} = 12a$

第五章　型钢下料

第一节　型钢切口下料

型钢切口下料在实际生产中应用很广，也比较简单，角钢和槽钢的用量更大。本节学习要注意看懂图和图上尺寸所标示的位置，通过例题掌握有关公式的利用，以便在实践中涉及到这一内容时，可以找到相应的公式进行计算。

一、角钢内弯90°料长及切口形状

下料时一般按图样要求在地面上画出实样图，把拐尺（90°角尺）的一边紧贴于角钢底的轮廓线上，另一边对准里角点后画直角线，求出里角点至立面里口角点距离 c。同时也确定立面与底平面的垂直度，进行焊接操作，如图 5-1 所示。料长按里皮线，等于 $l_1 + l_2$；切口长度等于 $2c$。料长及切口形状如图所示。上面所注长度尺寸 $l_1 + l_2$ 为折断料长；下面所注长度尺寸 $l_1 + l_2 + \Delta$ 为折弯料长。图中 $c = b - t$。

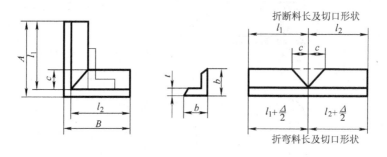

图 5-1　角钢内弯 90°

二、角钢内弯任意角度（锐角）料长及切口形状

料长及切口形状如图 5-2 所示。上面所注长度尺寸 $l_1 + l_2$ 为折断料长；下面所注长度尺寸 $l_1 + l_2 + \Delta$ 为折弯料长。

图中：$c = (b - t) \cot \dfrac{\beta}{2}$（注：cot 是数学里的余切函数，和过去老版本数学书中的 ctg 是一样的，现在用 $\cot \dfrac{\beta}{2}$ 代表余切函数值），$\Delta = 0.35t \dfrac{180° - \beta}{90°}$。

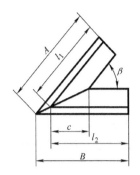
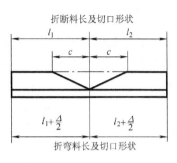

图 5-2　角钢内弯任意角度

【例1】　设用 $\angle 70 \times 70 \times 7$ 的角钢内弯 $\beta = 60°$，$A = 1000\text{mm}$，$B = 80\text{mm}$，求切口尺寸及料长。

解：

切口尺寸　　　$c = (b - t)\cot\dfrac{60°}{2} = (70 - 7)\cot\dfrac{60°}{2}\text{mm} = 109.116\text{mm}$

折断料长　　　$l = 1000\text{mm} + 800\text{mm} - 2 \times 7\cot\dfrac{60°}{2}\text{mm} = 1775.8\text{mm}$

折弯料长　　　$L = 1000\text{mm} + 800\text{mm} - 2 \times 7\cot\dfrac{60°}{2}\text{mm} + 0.35 \times 7\left(\dfrac{180° - 60°}{90°}\right)\text{mm}$

$\qquad\qquad\quad = 1779.5\text{mm}$

注：$\angle 70 \times 70 \times 7$ 的角钢，70 指的是角钢两侧边宽度 b，7 是指角钢两侧边的厚度 t，如图 5-1 中间图所示。

三、角钢内弯 90° 圆角料长及切口形状

折弯下料切口形状及尺寸与折断式相同，切口两侧长度尺寸稍有差异。立板在折弯过程中外层受拉力作用延伸，每折弯一个直角增加 $0.35t$（见第三章的板厚处理）。为防止立板内层受挤压变形，在切口至根部时可作圆根处理，其直径应小于板厚 t。

对折断切口下料件，如按折弯件加工成形时，其长度尺寸有所不足，折角处外形也不够平整，均须加工修整。

料长及切口形状如图 5-3 所示。

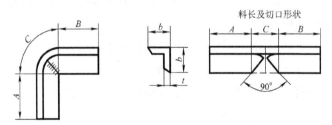

图 5-3　角钢内弯 90° 圆角

图中，$C = \dfrac{\pi}{2}\left(b - \dfrac{t}{2}\right)$。

四、角钢内弯矩形框料长及切口形状

料长及切口形状如图5-4所示。上面所注长度尺寸 $2(l_1 + l_2)$ 为折断料长；下面所注长度尺寸 $2(l_1 + l_2) + 3\Delta$ 为折弯料长。

$$c = b - t \qquad \Delta = 0.35t$$

式中，b 是角钢面宽（mm）；t 是角钢边厚（mm）；Δ 是折一直角附加值（mm）。

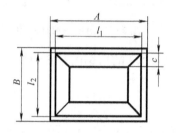

折断料长及切口形状

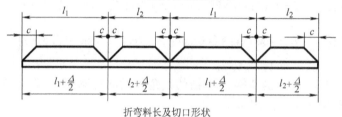

折弯料长及切口形状

图5-4 角钢内弯矩形框

【例2】 设用 $\angle 70 \times 70 \times 7$ 的角钢内弯矩形框，$A = 1000\text{mm}$，$B = 800\text{mm}$，求切口尺寸及料长。

解：

切口尺寸 　　$c = 70\text{mm} - 7\text{mm} = 63\text{mm}$

折断料长 　　$l = 2\,(1000 + 800)\ \text{mm} - 8 \times 7\text{mm} = 3544\text{mm}$

折弯料长 　　$L = l + 3\Delta = 3544\text{mm} + 3 \times 7 \times 0.35\text{mm} = 3551.5\text{mm}$

五、角钢外弯矩形框

料长及切口形状如图5-5所示。上面所注长度尺寸 $2(l_1 + l_2)$ 为折断料长；下面所注长度尺寸 $2(l_1 + l_2) + 3\Delta$ 为折弯料长。

矩形框外四角四分之一圆为补料板，与角钢平面焊接。

图中，Δ 是折一直角附加值（mm）。

计算方法同前例，这里不再举例。

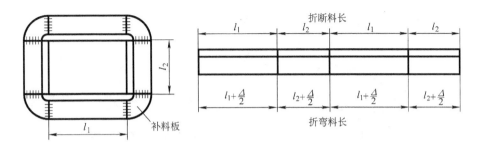

图 5-5 角钢外弯矩形框

六、槽钢平弯 90°料长及切口形状

料长及切口形状如图 5-6 所示。上面所注尺寸 $l_1 + l_2$ 为折断料长；下面所注尺寸 $(l_1 + l_2) + \Delta$ 为折弯料长。

$$c = h - t \qquad \Delta = 0.35t$$

式中，h 为槽钢高度（mm）；t 为平均腿厚（mm）；Δ 为折一直角附加值（mm）。

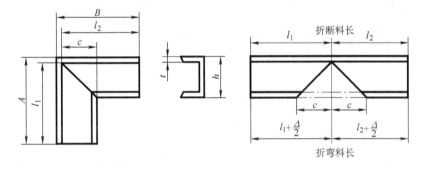

图 5-6 槽钢平弯 90°

七、槽钢平弯任意角度料长及切口形状

料长及切口形状如图 5-7 所示。上面所注尺寸 $l_1 + l_2$ 为折断料长；下面所注尺寸 $l_1 + l_2 + \Delta$ 为折弯料长。

图中，$c = (h - t) \tan\dfrac{\beta}{2}$，$l_1 = A - t \tan\dfrac{\beta}{2}$，$l_2 = B - t \tan\dfrac{\beta}{2}$，$\Delta = 0.35t\dfrac{\beta}{90°}$。

【例 3】 设用 10 号槽钢平弯 60°，$A = 1000\mathrm{mm}$，$B = 800\mathrm{mm}$，求料长及切口尺寸。

解： 查附录 E，得 $h = 100\mathrm{mm}$，$t = 8.5\mathrm{mm}$。

切口尺寸 $c = (100 - 8.5) \tan\dfrac{60°}{2}\mathrm{mm} = 52.8\mathrm{mm}$（注：tan 是三角函数中的正切符号，和 tg 是相同的）

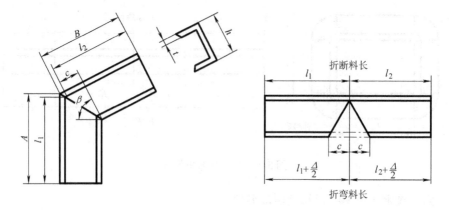

图 5-7 槽钢平弯任意角度

折断料长 $l = 1000\,\text{mm} + 800\,\text{mm} - 2 \times 8.5\tan\dfrac{60°}{2}\text{mm} = 1805\,\text{mm}$

折弯料长 $L = l + 0.35 \times 8.5 \times \dfrac{60°}{90°}\text{mm} = 1807\,\text{mm}$

八、槽钢平弯任意角度圆角料长及切口形状

料长及切口形状如图 5-8 所示。

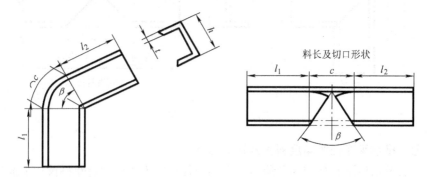

图 5-8 槽钢平弯任意角度圆角

图中，$c = \dfrac{\pi\beta\left(h - \dfrac{t}{2}\right)}{180°}$。

九、槽钢弯圆角矩形框料长及切口形状

料长及切口形状如图 5-9 所示。

图中，$c = \dfrac{\pi}{2}\left(h - \dfrac{t}{2}\right)$。

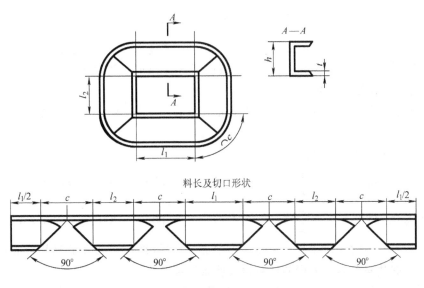

料长及切口形状

图 5-9 槽钢弯圆角矩形框

第二节 型钢弯曲料长计算

实践中经常遇到对型钢进行不同形状的弯曲,需要对料长进行计算。计算料长以重心距为准,本节将通过例子说明。

一、等边角钢内、外弯曲 90°料长计算

角钢弯曲成圆弧的料长,按重心距计算,如图 5-10 所示。

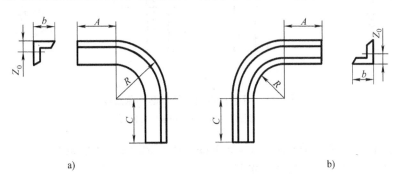

a)   b)

图 5-10 等边角钢内、外弯曲 90°
a) 内弯 90° b) 外弯 90°

设料长为 l,计算公式为

$$l = \frac{\pi}{2}(R \pm Z_0) + A + C$$

式中，Z_0 为角钢重心距（cm）；外弯取"+"、内弯取"-"，可查附录E。

【例4】 设 $A = 500$mm，$C = 300$mm，$R = 240$mm，角钢规格为 $\angle 70 \times 70 \times 7$，求内、外弯曲90°料长。

分析：角钢向内弯曲，需要减去角钢重心距 Z_0；角钢向外弯曲，需要加上 Z_0。

解：查附录E，得 $Z_0 = 1.99$cm。

内弯90°料长 $\quad l = \frac{\pi}{2}(240 - 19.9)$ mm $+ 500$mm $+ 300$mm $= 1146$mm

外弯90°料长 $\quad l = \frac{\pi}{2}(240 + 19.9)$ mm $+ 500$mm $+ 300$mm $= 1208$mm

注意：计算时一定要统一单位。表中 Z_0 的单位是 cm，要把它转换成 mm。

二、等边角钢内、外弯曲任意角度料长计算

图5-11所示为等边角钢内、外弯曲任意角度。设料长为 l，计算公式为

$$l = A + C + \frac{\pi\alpha(R \pm Z_0)}{180°}$$

式中，α 为圆弧中心角（°）；Z_0 为角钢重心距（cm）；外弯取"+"，内弯取"-"。

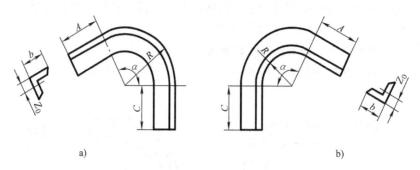

图5-11 等边角钢内、外弯曲任意角度

a) 内弯任意角度 b) 外弯任意角度

【例5】 设 $A = 200$mm，$C = 300$mm，$R = 320$mm，角钢规格为 $\angle 70 \times 70 \times 7$，内外弯曲中心角 $\alpha = 120°$，求料长 l。

解：查附录E，得 $Z_0 = 1.99$cm。

内弯料长

$$l = A + C + \frac{\pi\alpha(R - Z_0)}{180°} = 200\text{mm} + 300\text{mm} + \frac{120°\pi(320 - 19.9)}{180°}\text{mm} = 1128.5\text{mm}$$

外弯料长

$$l = A + C + \frac{\pi\alpha(R + Z_0)}{180°} = 200\text{mm} + 300\text{mm} + \frac{120°\pi(320 + 19.9)}{180°}\text{mm} = 1211.5\text{mm}$$

注意：计算时一定要统一单位。表中 Z_0 的单位是 cm，要把它转换成 mm。

三、不等边角钢内弯任意角度料长计算

图 5-12 所示为不等边角钢内弯任意角度。设料长为 l，计算公式为

$$l = A + C + \frac{\pi\alpha\ (R - Y_0)}{180°}$$

式中，Y_0 为角钢短边重心距（cm），可由附录 D 查得。

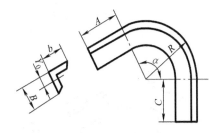

图 5-12　不等边角钢内弯任意角度

【例 6】　设 $A = 200\text{mm}$，$C = 300\text{mm}$，$R = 400\text{mm}$，角钢规格为 $∠70 \times 45 \times 7$，内弯 $100°$，求料长。

解： 由附录 D 查得 $Y_0 = 2.36\text{cm}$。

料长　　$l = 200\text{mm} + 300\text{mm} + \dfrac{100°\pi(400 - 23.6)}{180°}\text{mm} = 1156.7\text{mm}$

注意：计算时一定要统一单位。表中 Y_0 的单位是 cm，要把它转换成 mm。

四、不等边角钢外弯任意角度料长计算

图 5-13 所示为不等边角钢外弯任意角度。设料长为 l，计算公式为

$$l = A + C + \frac{\pi\alpha(R + X_0)}{180°}$$

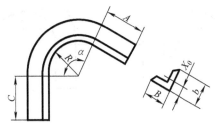

图 5-13　不等边角钢外弯任意角度

式中，X_0 为角钢长边重心距（cm），可由附录 D 查得。

【例7】　设 $A = 200\text{mm}$，$C = 300\text{mm}$，$R = 250\text{mm}$，角钢规格 $\angle 70 \times 45 \times 7$，外弯 $100°$，求料长 l。

解：查附录 D，得 $X_0 = 1.13\text{cm}$。

料长　　$l = 200\text{mm} + 300\text{mm} + \dfrac{100° \pi (250 + 11.3)}{180°}\text{mm} = 955.8\text{mm}$

注意：计算时一定要统一单位。表中 X_0 的单位是 cm，要把它转换成 mm。

五、槽钢平弯任意角度料长计算

如图 5-14 所示，设料长为 l 计算公式为

$$l = A + C + \frac{\pi\alpha\left(R + \dfrac{h}{2}\right)}{180°}$$

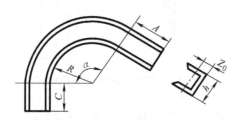

图 5-14　槽钢平弯任意角度

六、槽钢内、外弯曲任意角度料长计算

如图 5-15 所示，设料长为 l，计算公式为

$$l = A + C + \frac{\pi\alpha(R \mp Z_0)}{180°}$$

式中，Z_0 是槽钢重心距（cm）；内弯取"−"、外弯取"+"。

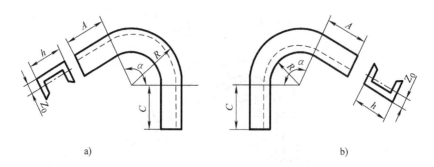

图 5-15　槽钢内、外弯曲任意角度

a）内弯任意角度　b）外弯任意角度

七、角钢圈

角钢圈分内弯曲和外弯曲两种。它的下料料长一般按重心距来计算，因加工方法不同，在加工后料长有差异。为确保下料准确，在加工前要留有一定的加工余量，在制作成形后再切掉余量。

（1）等边外弯曲角钢圈（见图5-16）。下料长 l 计算公式为

$$l = \pi(D + 2Z_0)$$

式中，D 是角钢圈内径；Z_0 是角钢重心距（查表得）。

（2）等边内弯曲角钢圈（见图5-17）。下料长 l 计算公式为

$$l = \pi(D - 2Z_0)$$

式中，D 是角钢圈外径；Z_0 是角钢重心距（查表得）。

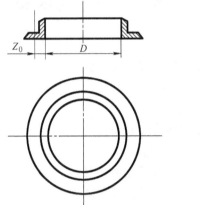
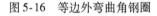
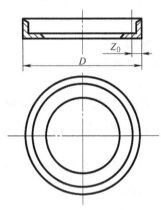

图5-16　等边外弯曲角钢圈　　　　图5-17　等边内弯曲角钢圈

（3）不等边外弯曲角钢圈（见图5-18）。下料长 l 计算公式为

$$l = \pi(D + 2X_0)$$

式中，D 是角钢圈内径；X_0 是角钢长边重心距（查表得）。

（4）不等边内弯曲角钢圈（见图5-19）。下料长 l 计算公式为

$$l = \pi(D - 2Y_0)$$

式中，D 是角钢圈外径；Y_0 是角钢短边重心距（查表得）。

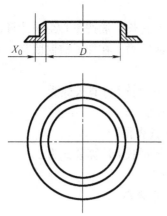
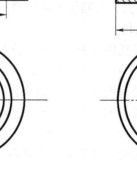

图 5-18　不等边外弯曲角钢圈　　　　图 5-19　不等边内弯曲角钢圈

八、槽钢圈

（1）平弯曲槽钢圈（见图 5-20）。下料长 l 计算公式为

$$l = \pi(D + H)$$

式中，H 是槽钢大面宽度；D 是槽钢圈内径。

（2）外弯曲槽钢圈（见图 5-21）。下料长 l 计算公式为

$$l = \pi(D + 2Z_0)$$

式中，Z_0 是槽钢小面重心距（查表得）；D 是槽钢圈内径。

（3）内弯曲槽钢圈（见图 5-22）。下料长 l 计算公式为

$$l = \pi(D - 2Z_0)$$

式中，Z_0 是槽钢小面重心距（查表得）；D 是槽钢圈内径。

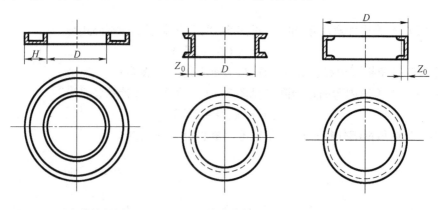

图 5-20　平弯曲槽钢圈　　图 5-21　外弯曲槽钢圈　　图 5-22　内弯曲槽钢圈

第六章 计算机钣金下料 —— AutoCAD 的相关操作

第一节 启动与关闭 AutoCAD

一、在电脑桌面上打开、保存和关闭 AutoCAD

1. 启动 AutoCAD 在已经装上 AutoCAD 2015 软件的电脑桌面上，双击桌面上生成的 AutoCAD 2015 图标▲（见图6-1），进入 AutoCAD 2015 的经典工作界面（见图6-2）。

用鼠标左键
双击此图标

图6-1 电脑桌面

设置绘图区的颜色。在进入 AutoCAD 2015 的经典工作界面后，系统默认绘图区的颜色为黑色（见图6-2），人们一般愿将绘图区的颜色设置为黑色或白色，为书中插图清晰起见，本书将把绘图区的颜色设置为白色并根据绘图需要去除删格。操作步骤如下：

（1）用鼠标单击 AutoCAD 2015 经典工作界面上菜单栏的"工具"，便出现下拉菜单（见图6-3）。

（2）在下拉菜单中再单击"选项"，出现"选项"对话框（见图6-4）。

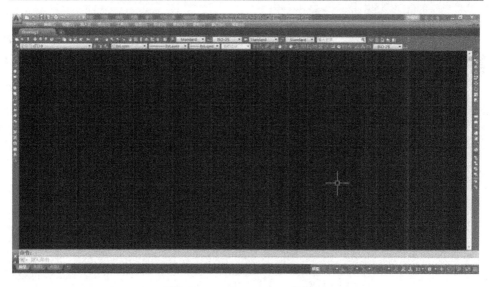

图 6-2 AutoCAD 2015 工作界面

图 6-3 "工具"下 拉菜单

图 6-4 "选项"对话框

(3) 在"选项"对话框上的"窗口元素"列表框内,单击 颜色(C)... 按钮,系统会弹出"图形窗口颜色"对话框(见图 6-5)。

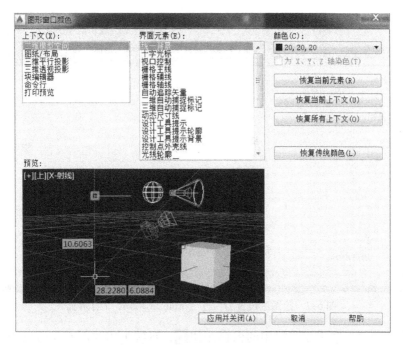

图 6-5 "图形窗口颜色"对话框

（4）在"图形窗口颜色"对话框中，单击"颜色"列表框的下拉按钮 ，系统弹出颜色下拉菜单，在下拉菜单中选择白色为当前色（见图 6-6）。

（5）单击"图形窗口颜色"对话框下边的 应用并关闭(A) 按钮，返回"选项"对话框，颜色设置完毕。

（6）在"选项"对话框中的"显示精度"列表框内，"将圆弧和圆的平滑度"编辑框内的"1000"（见图 6-4）改为"10000"。

图 6-6 选择白色为背景色

（7）单击如图 6-4 所示的"选项"对话框上的 应用(A) 按钮，单击绘图区右下方的"常用工具栏"中的"显示图形栅格"按钮 之后，再单击 确定 按钮，保存参数设置，返回绘图区（见图 6-7）。

2. 保存文件 当完成绘图后，就要把图形保存起来（存盘），便于以后查看或使用。在 AutoCAD 2015 中，可以利用"保存"命令对图形进行存盘。操作步骤如下：

（1）在"菜单栏"中单击"文件"，在弹出的下拉菜单中单击"保存"选

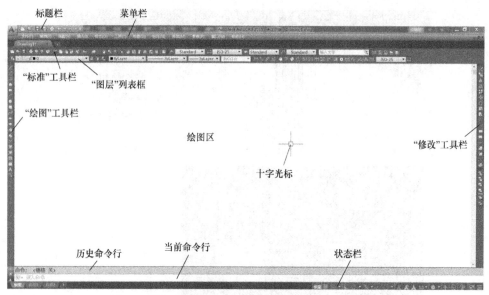

图6-7 绘图区设置为白色的 AutoCAD 2015 工作界面

项，或单击"标准"工具栏中的保存按钮![button]，系统弹出如图6-8所示的"图形另存为"对话框，在此对话框内设定好图形的保存位置（存盘路径）、文件名以及文件类型。

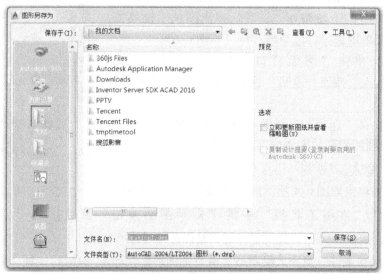

图6-8 "图形另存为"对话框

（2）单击对话框右下角的 ![保存(S)] 按钮，即可将图形命名存盘。

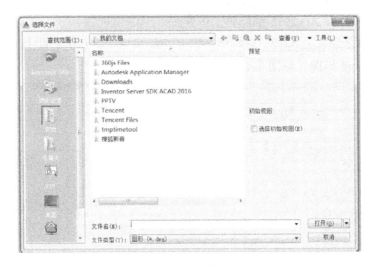

图 6-9　"选择文件"对话框

3. 打开文件　打开所保存的文件（打开"Drawingl. dwg"文件）。在 Auto-CAD 2015 中，可以利用"打开"命令打开存盘文件。具体操作步骤如下：

（1）用鼠标左键单击菜单栏中的"文件"按钮，在弹出的下拉菜单中用鼠标左键单击"打开"按钮，系统弹出"选择文件"对话框，在对话框中选择"Drawingl. dwg"文件，见图 6-9。

（2）单击对话框上的 打开(O) 按钮，即可打开"Drawingl. dwg"文件。

4. 关闭 AutoCAD 2015　关闭 AutoCAD 2015 有以下三种方法：

（1）直接单击 AutoCAD 2015 界面窗口右上角的关闭按钮 X 。

（2）按键盘上快捷键 Alt + F4 组合键。

（3）单击下拉菜单"文件/退出"命令。

注意：如果绘制完图之后没进行保存就直接点关闭按钮了，会出现这种情况，用鼠标单击关闭按钮 X 后，AutoCAD 2015 将弹出如图 6-10 所示的警示信息框。如果单击 是(Y) 按钮，系统将弹出图 6-8 "图形另存为"对话框，对所画图形进行

图 6-10　AutoCAD 2015 的警示信息框

保存；若单击 否(N) 按钮，系统直接被关闭，退出 AutoCAD 2015，不会对所画图形进行保存；如果单击 取消 按钮，系统将取消退出命令，返回到 AutoCAD 2015 工作界面。

二、在word中打开、保存和关闭 AutoCAD

1. 打开 AutoCAD 2015 的经典工作界面

（1）在已经装上 AutoCAD 2015 软件的电脑桌面上，双击桌面上的 word 图标 ，打开 word 界面（见图6-11）。

图6-11　word工作界面

（2）在word工作界面的菜单栏上单击"插入"，在弹出的下拉菜单中单击"对象"（见图6-12），系统弹出如图6-13所示的"插入对象"对话框。

图6-12　word工作界面

（3）在"插入对象"对话框中单击 ⊙ 新建(N) 按钮，系统弹出"对象类型（T）"对话框，在"对象类型（T）"对话框中选取 AutoCAD 图形（见图 6-12），然后单击 是(Y) 按钮，便在 word 工作界面上进入 AutoCAD 2015 的经典工作界面（见图 6-14）。

图 6-13 "插入对象"对话框

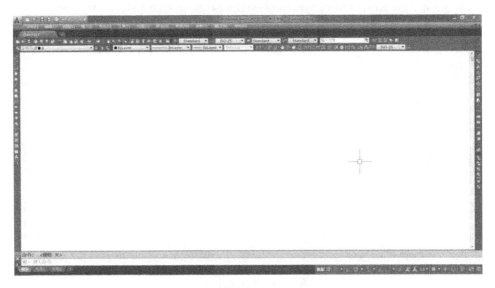

图 6-14 AutoCAD 2015 的经典工作界面

2. 保存文件 将绘制的文件保存到 word 中，其步骤如下：

（1）在 AutoCAD 2015 的经典工作界面上用鼠标左键单击保存按钮 🖫（见图 6-15），保存文件。

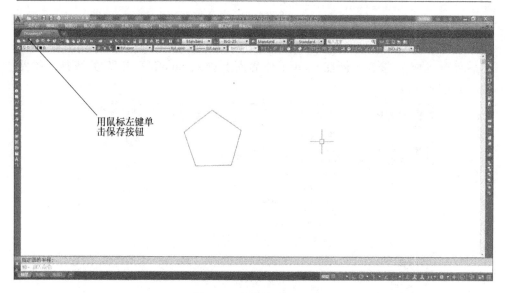

用鼠标左键单
击保存按钮

图6-15 保存文件（1）

（2）用鼠标左键单击菜单栏中的"文件"，在"文件"下拉菜单中单击
"保存"按钮（见图6-16），即可完成保存。

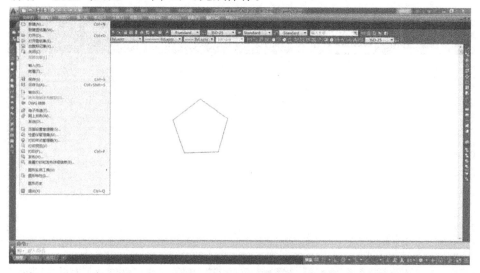

图6-16 保存文件（2）

3. 关闭 AutoCAD 2015 的经典工作界面 直接单击 AutoCAD 2015 界面窗口
右上角的关闭按钮 ╳ ，即可退出 AutoCAD 2015 的经典工作界面，所在图形
就保存在 word 工作界面中了。

若要在 word 工作界面上重新进入 AutoCAD 2015 所画的图形界面，用鼠标左
键双击所绘制的图形（见图6-17）即可进入到如图6-15 所示的工作界面。

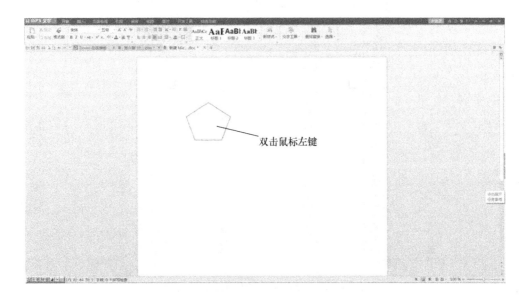

图 6-17　word 工作界面

第二节　AutoCAD 工作界面介绍

如图 6-7 所示，AutoCAD 2015 工作界面由标题栏、菜单栏、"标准"工具栏、"绘图"工具栏、"修改"工具栏、绘图区、十字光标、命令行和状态栏等部分组成。

1. 标题栏（见图 6-7）　显示当前正在运行的文件名和正在打开的图形文件名。标题栏最左边的图标 ▲ 是 AutoCAD 2015 的程序图标，单击此图标打开一个下拉菜单（见图 6-18），双击此图标可以关闭当前应用程序。图标右面显示的是 AutoCAD 2015 快捷访问工具栏。

标题栏位于软件主窗口最上方，在右上角有三个按钮，分别是最小化按钮 ▬ 、还原按钮 ▣ 、和关闭按钮 ✕ ，可分别对 AutoCAD 2015 窗口进行最小化、正常化和关闭操作（见图 6-19）。

2. 菜单栏　菜单栏位于标题栏的下侧（见图 6-20），AutoCAD 2015 菜单栏有文件（F）、编辑（E）、视图（V）、插入（I）、格式（O）、工具（T）、绘图（D）、标注（N）、修改（M）、参数（P）、窗口（W）和帮助（H）菜单。单击菜单栏中的任意一个菜单名称，都会弹出相应的下拉菜单，菜单栏几乎涵盖了 AutoCAD 2015 的全部功能命令，单击下拉菜单中的任意一个命令选项，都可以完成该项目对应的操作。各菜单的功能说明见表 6-1。

图 6-18 AutoCAD 2015 程序图标的下拉菜单

图 6-19 标题栏

| 文件(F) | 编辑(E) | 视图(V) | 插入(I) | 格式(O) | 工具(T) | 绘图(D) | 标注(N) | 修改(M) | 参数(P) | 窗口(W) | 帮助(H) |

图 6-20 菜单栏

表 6-1 各菜单的功能说明

菜单名	功能说明
文件	管理文件方面的命令，包括新建、打开、保存、另存为、打印、输出等命令
编辑	用于对文件进行一些常规编辑，包括剪切、复制、粘贴、清除等命令
视图	用于管理视图内图形的显示及着色等，包括重画、重生成、缩放、平移等
插入	图块插入、对象连接与嵌入方面的命令，包括块、外部参照管理器、OLE 对象等命令
格式	用于设置与绘图环境有关的参数，包括图层、线型、文字样式、点样式等
工具	搜索、绘图环境设置方面的命令，包括命令行、草图设置、选项等
绘图	几乎包含了 AutoCAD 2015 中所有的绘图命令
标注	主要用于对当前图形进行尺寸标注和尺寸编辑等，包含了所有的标注命令
修改	图形编辑、修改方面的命令，用于对图形进行修改编辑操作
窗口	多窗口显示的排列设置，如层叠、水平平铺等
帮助	为用户提供一些帮助信息

3. "标准"工具栏 "标准"工具栏位于菜单栏的下方，用于管理图形和进行一般的图形编辑操作，每个按钮都有一种操作功能，如果单击"标准"工

具栏上相应的图标按钮就可以执行对应的功能（见图6-21）。"标准"工具栏上主要按钮功能的说明见表6-2。

图 6-21　"标准"工具栏

4. "绘图"工具栏和"修改"工具栏　打开 AutoCAD 2015 经典后，这两个工具栏分别位于工作界面的左侧和右侧（见图6-7），左侧的"绘图"工具栏中各按钮是用来绘制各种常用图形的，右侧"修改"工具栏中的各命令按钮是用于修改已绘制的图形。这两个工具栏中的按钮的功能将在以后的绘图过程中详细介绍。

表 6-2　"标准"工具栏上主要按钮功能的说明

图标	名称	说　明
	新建	NEW 命令（同"文件"下拉菜单中的"新建"命令），单击此按钮，系统出现"选择样板"对话框，然后在该对话框中选择一种样板文件，新建一个图形文件
	打开	OPEN 命令（同"文件"下拉菜单中的"打开"命令），单击此按钮可以打开一个已经绘制的图形文件
	保存	SAVE 命令（同"文件"下拉菜单中的"保存"命令），单击此按钮可保存一个已经绘制的图形
	剪切	CUTCLIP 命令，单击此按钮可以将选择的图形剪切到剪贴板上并将其从图形中删除
	打印	将图形打印到绘图仪、打印机或文件
	打印预览	显示图形在打印时的外观
	发布	将图形发布为电子图纸集（DWF、DWF_x 文件），或者将图形发布到绘图仪
	3DDWF	启动三维 DWF 界面发布
	复制	COPYCLIP 命令，单击此按钮就可以将选择的图形复制到剪贴板上
	粘贴	PASTECLIP 命令，单击此按钮可以将选择的图形粘贴到剪贴板上
	特性匹配	MATCHPROP 命令，单击此按钮后选择图形的线条，再选择其他线条，则后面选择的线条的特性自动改变为先选择的图形特性
	块编辑器	在块编辑器中打开块定义。块编辑器是一个独立的环境，用于当前图形的创建和更改块定义。还可以使用块编辑器向块中添加动态行为
	放弃	单击此按钮将放弃刚执行的操作

（续）

图标	名称	说　明
	回复	单击此按钮将回复上一个执行的操作
	实时平移	PAN命令，单击此按钮可以对图形进行移动，以便观察图形
	实时缩放	ZOOM命令，单击此按钮后按住鼠标左键进行拖动将对图形进行放大或缩小（向上拖动对图形放大，向下拖动对图形缩小）
	窗口缩放	单击此按钮后，在绘图区中指定一个矩形窗口，被指定区域将根据矩形窗口与屏幕的比例放大后显示出来
	窗口恢复	单击此按钮，系统将返回上一个视图

5. 命令行　命令行一般在绘图窗口下方，打开 AutoCAD 2015 以后，在命令行中显示"命令："提示（见图6-7），这一提示是等待用户输入命令信息。当系统处于命令执行状态中时，命令行中将显示各种操作提示；当命令执行后，命令行又回到"命令："状态，等待用户再输入新的命令。

如果命令行被隐藏起来，不在 AutoCAD 2015 工作界面显示，可用鼠标单击菜单栏中的"工具"，在弹出的下拉菜单中单击"命令行"后，就可将"命令行"置于绘图窗口下方（见图6-22）。

图6-22　打开"命令行"

命令行是用户与 AutoCAD 2015 直接进行对话的窗口。命令行时刻都在提醒用户如何执行操作命令，因此用户在绘图过程中要密切注意命令行中的提示。命令行是 AutoCAD 2015 与用户信息交流的渠道，这些信息记录了 AutoCAD 2015 与用户的交流过程。通过命令右侧的滚动条或按下 F2 键，可打开如图 6-23 所示的 AutoCAD 2015 文本窗口来显示更多的信息提示。

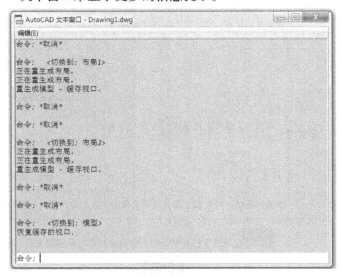

图 6-23　文本窗口

6. 状态栏　状态栏位于命令行下方（见图 6-24），主要用来显示 AutoCAD 2015 当前的状态。状态栏的左端用于显示当前十字光标所处位置的三维坐标值。状态栏中间是 AutoCAD 2015 的各种辅助绘图按钮，有"捕捉""栅格""正交""对象捕捉"等（其功能说明见表 6-3），单击这些按钮，可进行开关状态切换，当按钮被单击有黑框出现时，表示此时该工具处于激活状态，再次单击该按钮，就关闭了此工具，用户可以根据需要设置显示在屏幕上的状态选项。其余按钮的功能及设置方法将在后续绘图中遇到时作介绍。

图 6-24　状态栏

表 6-3　状态栏部分按钮的功能说明

按钮	按钮名称	功能说明
	图形栅格	按钮处于打开状态时，会在绘图区产生栅格（GRID）点分布，给用户提供直观的距离和位置参照，以辅助绘图工作的进行

（续）

按钮	按钮名称	功能说明
	捕捉模式	用鼠标左键单击按钮 □ 右侧小三角块 □ ，会产生菜单，  根据绘图需要，可在菜单中选择设置
	切换工作空间	用鼠标左键单击按钮  ⚙ ，弹出工作 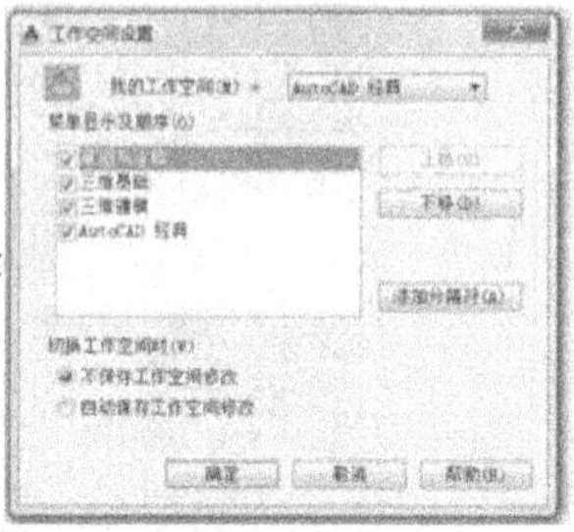 空间 设置对话框，可在右上角长方框内单击下拉菜单按钮，选择绘图需要的界面
	对象捕捉	 □ 按钮处于打开状态时，会启动静态对象捕捉方法，用鼠标左键单击 □ 时，会弹出对话框  ，在对话框上勾选相应捕捉点，在绘制图形 时，可以捕捉端点、中点、圆心等特定点。有关具体运用方法，在以后的例子中遇到后再做介绍

第三节　选择对象与视窗

1. 选择对象

（1）图形对象的选择　当图形需要进行修改编辑时，在对基本图形进行修改编辑之前，必须选择所修改编辑的图形对象，之后对其修改。具体操作步骤如下：

1）移动鼠标光标到主视图上的倾斜边上（见图6-25）。

2）单击鼠标左键，倾斜边上出现三个小方格，此时倾斜边处于被选中状态

（见图 6-26）。

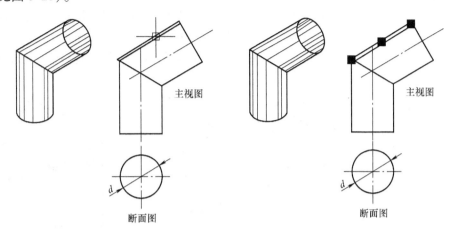

图 6-25　移动光标到上倾斜边　　　　图 6-26　选中倾斜边

3）按下 Esc 键，就取消选择。

也可以先单击修改按钮（删除按钮 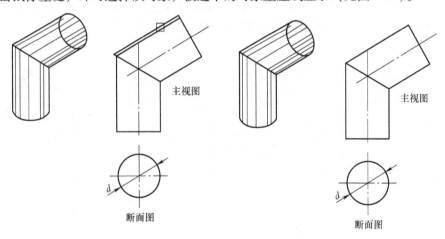、复制按钮 、移动按钮 等），系统将会自动进入"点选"模式（最基本的选择对象的方式，此方式一次仅能选择一个基本图形对象），当命令行出现"选择对象"的操作提示时，光标由十字形切换到任意形状，用户只需要将光标方块放在需要选择对象的边沿上（见图 6-27）并单击鼠标左键，即可选择该对象，被选中的对象呈虚线显示（见图 6-28）。

图 6-27　移动选择框到上倾斜边上　　　　图 6-28　选中对象

在 AutoCAD 2015 中的"点选"方式，一次只能选取一个基本对象，不能多选。而系统还提供了窗交选择和窗口选择方式以供用户同时快速地选择多个对象。

（2）窗交选择　当命令行提示用户选择对象时，可根据图形对象的位置按住鼠标左键不放，从右至左拖拉出一虚线框，如图6-29所示，图形中凡是被虚线框所覆盖的或与选择框相交的对象都能被选择（选中的对象呈虚线状态），如图6-30所示。

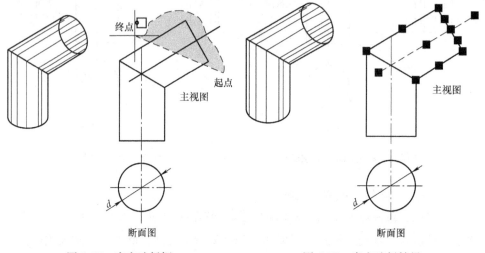

图 6-29　窗交选择框　　　　　　　　图 6-30　窗交选择结果

（3）窗口选择　当命令行提示用户选择对象时，可根据图形的位置按住鼠标左键不放，从左至右拖拉出一选择框，选择框呈虚线显示（见图6-31），所有完全位于选择框内的对象都能被选择（选中的对象呈虚线状态）如图6-32所示。

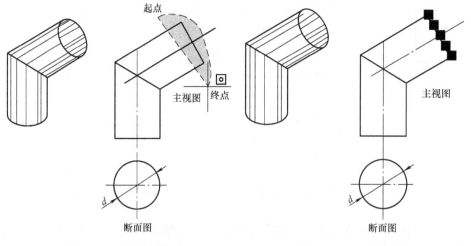

图 6-31　窗口选择框　　　　　　　　图 6-32　窗口选择结果

2. 视窗

（1）缩放视窗　在 AutoCAD 2015 中，缩放视窗是用来调整图形在当前视窗内的大小，便于用户观察、绘图和编辑。操作步骤如下：

1）在菜单栏中，用鼠标左键单击"视图"，在"视图"的下拉菜单中单击"缩放"，在"缩放"弹出的菜单中单击"比例"选项，启动比例缩放命令（见图 6-33）。

2）在命令行提示符后面输入缩放比例因子"2X，按下回车键，视图会放大两倍（见图 6-34）。

说明："比例缩放"工具用于按照指定的比例放大或缩小视图，视图的中心保持不变。这一功能有三种缩放方式：第一种方式是只输入数字并按回车键，表示相对于图形界线的倍数；第二种方式是在输入的数字后加字母 X 并按回车键，

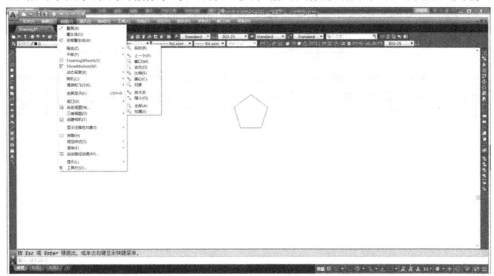

图 6-33　缩放视图

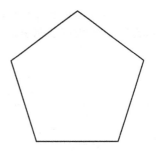

输入比例因子（nX 或 nXP）：2X

图 6-34　视窗放大操作

表示相对于当前视图的缩放倍数；第三种方式是输入数字后加 XP 并按下回车键，表示系统将根据图样空间单位确定视图的比例。一般相对视图的缩放倍数较为常用且比较直观。

（2）平移视窗　绘图过程中，所绘制的图形并不一定都显示在屏内或在图形绘制的适当位置，这时就可以用"平移"命令，系统将按照用户指定的方向和距离移动显示的图形。操作步骤如下：

1）单击"标准"工具栏中的按钮，启动"平移"命令，此时绘图区会出现手掌似的光标。

2）按住鼠标左键不放并拖动图形，图形就会按用户需要移动到相应的位置。

3）在键盘上按下 Esc 键，结束"平移"命令。

（3）视窗操作命令（见图 6-35）　详细功能说明见表 6-4。

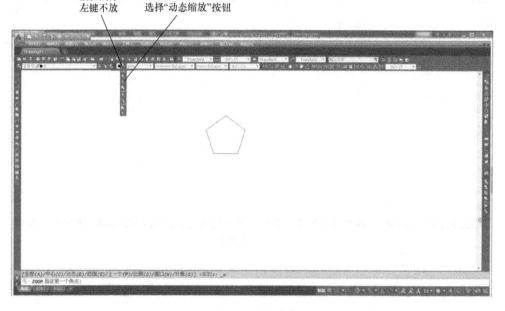

图 6-35　视窗操作命令

表 6-4　视窗操作命令功能说明

图标	名称	功　能　说　明
	窗口缩放	直接移动指针框选欲放大区域。此工具用于缩放由两个角点所定义的矩形窗口内的区域，使位于选择窗口内的图形尽可能大
	动态缩放	以动态缩放方法缩放画面

（续）

图标	名称	功 能 说 明
	比例缩放	移动光标选择比例缩放按钮，然后输入比例系数，例如：输入 2X 表示将目前显示中心图形放大两倍
	中心缩放	移动光标选择中心缩放按钮后，可输入窗口的中心点，并且指定所要显示图形的高度或缩放倍数
	对象缩放	移动光标选择放大按钮，可将选择对象进行最大范围缩放
	放　　大	移动光标选择放大按钮，可直接将目前屏幕画面放大 2 倍
	缩　　小	移动光标选择缩小按钮，可直接将目前屏幕画面缩小 1/2
	全部缩放	移动光标选择全部缩放按钮，可将图面全部范围显示在屏幕上
	范围缩放	移动光标选择范围缩放按钮，可将图面实际范围（实际有图形的部分）以最大倍率充满整个屏幕

第四节　绘图的相关设置

在绘图之前先将图层线型、图层线宽、图层颜色、文字样式及尺寸标注样式设置完成。

1. 新建图层

（1）打开 AutoCAD2015，单击"对象特性"工具栏中的图层按钮（见图 6-36）或选择下拉菜单"格式｜图层"选项（见图 6-37），系统弹出"图层特性管理器"对话框（见图 6-38）。

（2）用鼠标单击"图层特性管理器"对话框中的"新建图层"按钮，AutoCAD 2015 将新建一个"图层 1"的图层（见图 6-39），这时"图层 1"处于可编辑状态，将"图层 1"改为"点划线"，按下回车键，新建完成（见图 6-40）。

图层特性管理器

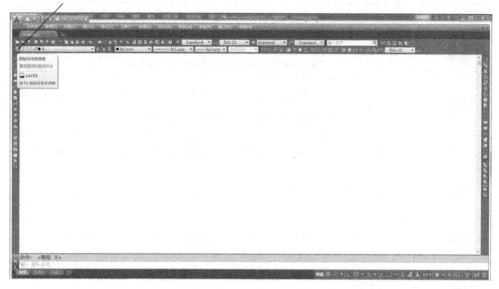

图 6-36　"图层特性管理器"按钮

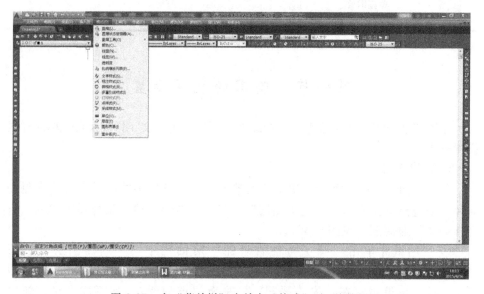

图 6-37　在"菜单栏"中单击"格式"选"图层"

新建图层按钮

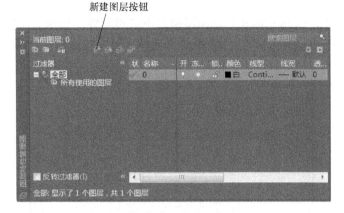

图 6-38　"图层特性管理器"对话框

图 6-39　创建"图层 1"

图 6-40　编辑"点划线"图层

（3）按上述步骤，创建"细实线""粗实线""虚线"等图层（见图 6-41）。

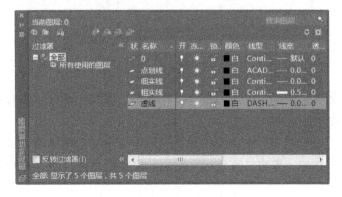

图 6-41　新创建图层

2. 设置图层线型

（1）在图6-41所示的新创建图层中选中"点划线"图层，用鼠标单击"线型"列对应的"Contin..."，系统弹出"选择线型"对话框（见图6-42）。

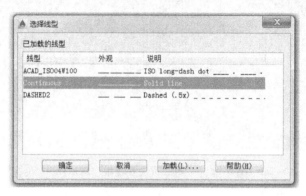

图6-42　"选择线型"对话框

（2）单击"选择线型"对话框上的 加载(L)... 按钮，系统将弹出"加载或重载线型"对话框（见图6-43）。

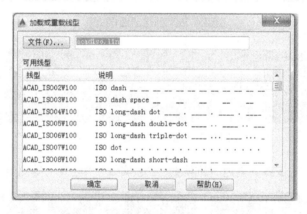

图6-43　"加载或重载线型"对话框

（3）从"加载或重载线型"对话框中选取"CENTER2"线型，然后用鼠标单击对话框上的 确定 按钮，将"CENTER2"线型加载到"选择线型"对话框的线型列表中。

（4）从"选择线型"对话框的线型列表中选中"CENTER2"线型，用鼠标单击 确定 按钮，即将"点划线"图层的线型更改为"CENTER2"线型（见图6-44）。

（5）按上述操作步骤，将"虚线"图层的线型更改为"HIDDEN2 线型，更

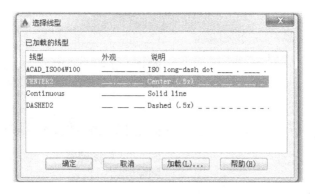

图 6-44 "CENTER2"线型

改结果如图 6-45 所示。

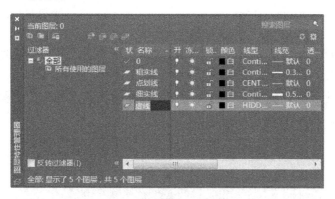

图 6-45 线型更改结果

3. 设置图层线宽

（1）在图6-41新建的图层中选中"点划线"图层，用鼠标单击"线宽"对应的列，系统将弹出"线宽"对话框（见图6-46）。

（2）在"线宽"对话框中选中"0.18mm"线宽（见图6-46），然后用鼠标单击对话框上的 确定 按钮，系统将该图层的线宽更改为0.18mm。

（3）按上述操作步骤，将"细实线""粗实线""虚线"图层的线宽分别更改为"0.18mm""0.35mm""0.18mm"线宽。

4. 设置图层的颜色 绘图时，为区分各个不同的图层，用户可根据需要给每个图层设置不同的颜色。操作步骤如下：

（1）在图6-41所示新建的图层中选中"点划线"图层，用鼠标单击该图层的颜色图标，系统弹出"选择颜色"对话框（见图6-47）。

图6-46 "线宽"对话框

图6-47 "选择颜色"对话

（2）在此对话框中选中"蓝"颜色（见图6-47），用鼠标单击对话框上的 确定 按钮，即将该图层的颜色更改为蓝色。

（3）按上述操作步骤，"细实线""粗实线""虚线"分别更改为"红""黑""绿"。更改结果如图6-48所示。

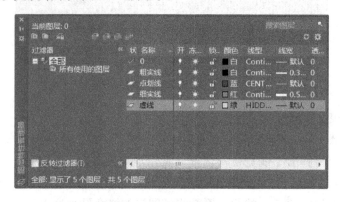

图6-48 颜色更改结果

5. 完成图层设置 用鼠标单击"图层特性管理器"对话框上的 ✕ 按钮，完成整个图层的设置。

6. 设置当前图层 绘图时，应根据要绘制的对象的属性把相应的图层设置为当前图层。例如，绘制"点划线"时，就要把"点划线"图层设置为当前图层。操作步骤如下：

（1）用鼠标单击"图层"工具栏的图层控制下拉列表旁的 ▼ 按钮，打开图层列表框。

（2）从列表框中用鼠标单击"点划线"图层，即可将该图层设置为当前图层（见图 6-49）。

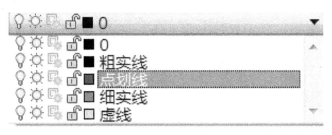

图 6-49 "图层控制"列表

7. 文字样式

（1）用鼠标单击菜单栏中的"格式│文字样式"命令（见图 6-50），打开"文字样式"对话框（见图 6-51）。

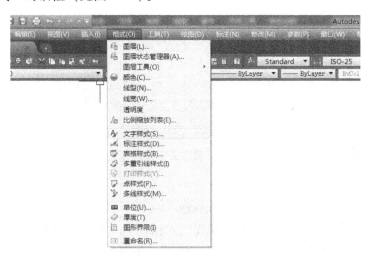

图 6-50 选中"文字样式"

（2）在图 6-51 所示的"文字样式"对话框中，用鼠标单击右侧的 新建(N)... 按钮，打开"新建文字样式"对话框，在此对话框上的"样式名"编辑框内输入"钣金下料"（见图 6-52）。

（3）用鼠标单击"新建文字样式"对话框上的 确定 按钮，即可创建名为"钣金下料"的文字样式。

（4）用鼠标单击如图 6-51 所示的"文字样式"对话框中的"字体"选项组中的 Arial 列表框后的 ▼，展开此下拉列表框，选择其中的

图 6-51   "文字样式"对话框

图 6-52   输入文字样式名

"仿宋 GB2312"样式（见图 6-53）。

（5）将"高度"编辑框内的"0.0000"改为"5"。

（6）在图 6-51 所示的"文字样式"对话框的"效果"选项组中，将"宽度因子（W）"编辑框内的"1"改为"0.7"（见图 6-54）。

图 6-53   选择文字样式   图 6-54   设置宽度比例

（7）用鼠标单击已设置完成的"文字样式"对话框中的 应用(A) 按钮，将此文字样式设置为当前样式（见图6-55），然后结束新建文字样式，退出"文字样式"对话框。

8. 尺寸标注样式

（1）用鼠标单击菜单栏中的"格式｜标注样式"命令（见图6-56），打开"标注样式管理器"对话框（见图6-57）。

（2）用鼠标单击"标注样式管理器"对话框上右侧的 新建(N)... 按钮，在弹出的"创建新标注样式"对话框中的"新样式名"文本框中输入"尺寸标注"，其余采用默认设置（见图6-58）。

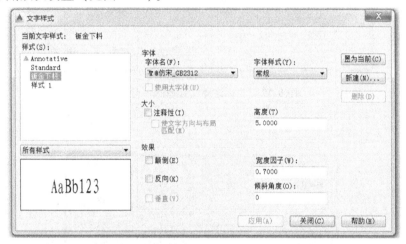

图 6-55　设置完成后的"文字样式"对话框

图 6-56　选取"标注样式"选项

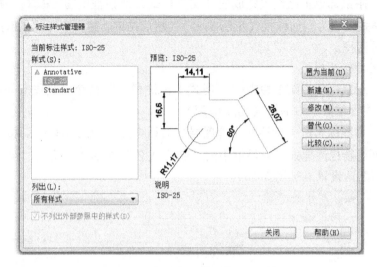

图6-57 "标注样式管理器"对话框

图6-58 "创建新标注样式"对话框

（3）用鼠标单击图6-58所示"创建新标注样式"对话框上的 继续 按钮，弹出"新建标注样式"对话框。在该对话框中进行尺寸线和尺寸界线的相关参数设置（见图6-59）。

（4）用鼠标单击图6-59所示"新建标注样式：尺寸标注"对话框左上方的 符号和箭头 标签，转换到"符号和箭头"选项卡，在该选项卡中设置尺寸符号和箭头等相关特性（见图6-60）。

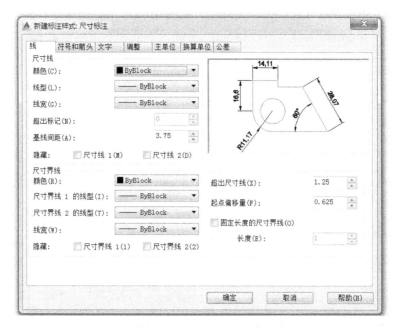

图 6-59　设置 "直线" 属性

图 6-60　设置 "符号和箭头" 的相关特性

（5）用鼠标单击图 6-60 所示上方的 文字 标签，转换到 "文字" 选项卡，在该选项卡中设置尺寸文字的相关特性（见图6-61）。

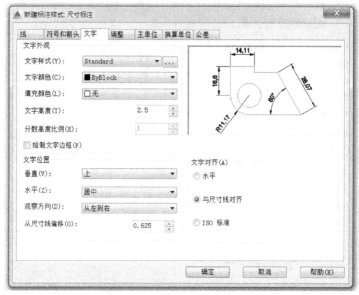

图6-61 设置"文字"的相关性

注意：在"文字"选项卡中，用鼠标单击"文字样式"文本框右侧的，在弹出的下拉菜单中选取"钣金下料"，就是在"文字样式"对话框的"样式名"中设置的文字样式（见图6-62、图6-63）。

图6-62 选择"文本样式"

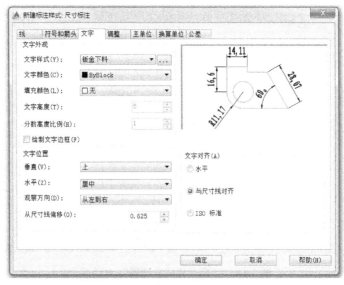

图 6-63　在文字样式中设置"钣金下料"

（6）用鼠标单击图 6-63 所示上方的 主单位 标签，转换到"主单位"选项卡，再按该选项卡中的相关项进行设置（见图 6-64）。

（7）在图 6-64 所示的"调整""换算单位""公差"选项卡中的各项均采用默认设置，用鼠标单击图 6-64 所示对话框下方的 确定 按钮，返回到"标注样式管理器"对话框，此时在对话框的样式列表下新增了"尺寸标注"样式（见图 6-65）。

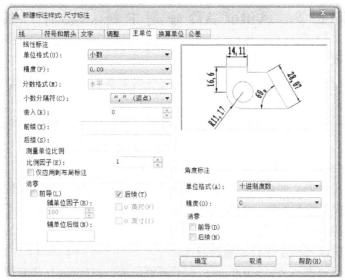

图 6-64　设置"主单位"的属性

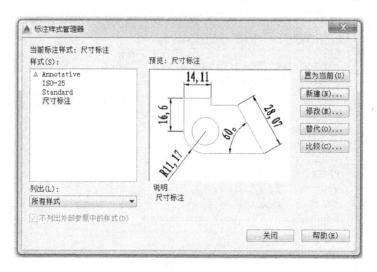

图6-65 "标注样式管理器"对话框

(8) 选择"尺寸标注"样式，用鼠标单击图6-65所示"标注样式管理器"对话框右侧的 置为当前(U) 按钮，并将"尺寸标注"样式设为当前样式。

(9) 用鼠标单击图6-65所示"标注样式管理器"对话框下方的 关闭 按钮，退出"标注样式管理器"对话框，标注样式设置完成。

第五节 AutoCAD 绘制下料（展开）图

画下料图主要分为三步：

1）画视图。如果有下料所需视图，就不用重新绘制了，如果没有的话就必须先画视图。

2）求实长。实长可以在视图上反映出来，也可以通过绘画或投影变幻等做出来。

3）画下料图。根据视图和所示实长画下料图。

在生产实践中，如果有已绘制完成的视图可直接利用，不必重画视图；如果没有，就要重新绘制视图；绘制视图时，要根据画下料图的需要，可适当选择画主视图、俯视图或左视图。

本例将按以上三步进行绘制和叙述。

已知：圆管直径为 $\phi = 100$mm，水平圆管长为 $l = 150$mm，竖直圆管高为 $h = 150$mm（见图6-66）。

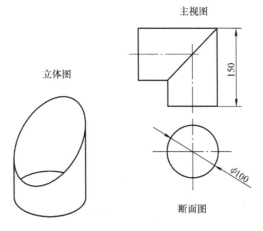

图 6-66　两节等径直角弯头视图

1. 画两节等径圆管直角弯头视图

（1）打开 AutoCAD 2015，按第二节中的操作步骤，先将图层线型、图层线宽、图层颜色、文字样式及尺寸标注样式设置完成。

（2）将"点划线"图层设置为当前图层。方法是：用鼠标左键单击"图层"列表框或"图层"列表框旁边的 ▼ 按钮，在弹出的下拉列表框中选中并单击"点划线"图层，即可将"点划线"图层设置为当前层（见图 6-67）。其他各线"图层"的当前层设置方法同"点划线"当前层设置，以后不再赘述。

图 6-67　当前"图层"设置

（3）绘制圆管中心线（机械制图上中心线用点划线）。方法是：用鼠标左键单击"绘图"工具栏的直线命令按钮 ，绘制中心线命令行的操作如下：

命令：_line 指定第一点：	//在"绘图区"适当位置单击鼠标左键拾取一点作为直线起点
指定下一点或[放弃(U)]：@200,0	//输入相对坐标值"@200,0"，按下回车键
指定下一点或[放弃(U)]：@0,-200	//输入相对坐标值"@0,-200"，按下回车键
指定下一点或[闭合(C)/放弃(U)]：	//按下回车键，结束命令操作

绘制结果如图 6-68 所示。

图 6-68 圆管中心线

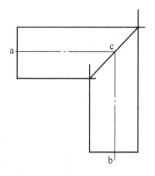

图 6-69 圆管外轮廓线

（4）绘制圆管直角弯头主视图。将"粗实线"图层设置为当前图层。

（5）用鼠标单击"绘图"工具栏直线命令按钮，绘制圆管直角弯头的两端断面投影线，命令行的操作如下：

命令：_line 指定第一点：	//移动鼠标光标捕捉中心线 a—o 的 a 点作为绘制起点
指定下一点或［放弃(U)］：@0,50	//输入相对坐标值"@0,50"并按下回车键
命令：_line 指定第一点：	//再移动鼠标光标捕捉中心线 a—o 的 a 点作为绘制起点
指定下一点或［放弃(U)］：@0, -50	//输入相对坐标值"@0, -50"并按下回车键

即完成主视图上横管断面投影的绘制。

（6）垂直管断面投影的绘制方法同上。也可用鼠标单击"修改"工具栏上的"复制"按钮，复制所画完的断面投影线，并进行旋转变成水平线段，然后移动到垂直管中心线的 b 点上。步骤如下：

1）用鼠标左键单击按钮选中水平圆管断面投影线并按下回车键，在绘图区移动到适当位置单击鼠标左键，复制完成。

2）用鼠标左键单击"修改"工具栏上的"旋转"按钮，选中所复制的断面投影线并按下回车键，用鼠标左键单击"状态栏"的"捕捉模式"按钮右侧的菜单三角按钮，会弹出，用鼠标左键单击，将弹出如图 6-70 所示的对话框，用鼠标左键单击，并勾选"启用极轴追踪"，然后单击按钮，设置完毕（见图 6-70）。用鼠标左键单击断面投影线的一端点并旋转成水平线。

3）用鼠标左键单击"修改"工具栏上的"移动"按钮，选中所旋转的

断面投影线并按下回车键；打开图 6-70 中的"对象捕捉"按钮 对象捕捉，系统
会弹出如图 6-71 所示的对话框。在方框内单击所用到的"对象捕捉模式"（便

图 6-70 "草图设置"对话框

在方框内打上了√号），如点击（△ ☑中点(M)）模式等（见图 6-71），用鼠标
左键单击"草图设置"对话框上的 确定 按钮，完成对象捕捉设置。将光标
移动到断面直线的中点处单击并移动到中心线的 b 点处点击（见图 6-72）。

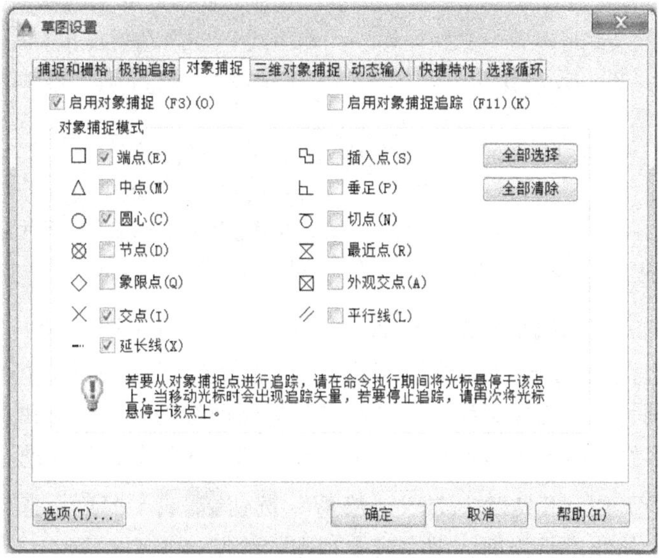

图 6-71 "草图设置"对话框

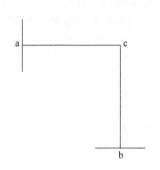

图 6-72 绘制弯管两断面投影草图

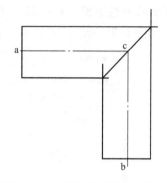

图 6-73 绘制弯管外轮廓线草图

（7）打开"状态栏"的"捕捉模式"按钮 ，用鼠标单击"绘图"工具栏直线命令按钮 ，用鼠标左键分别单击弯管断面投影线的端点并分别画水平和垂直直线相交（见图 6-73）。

（8）按已知尺寸完成标准主视图。可通过标注尺寸的方法完成绘图，其步骤如下：

1）用鼠标左键单击"菜单栏"中的 标注(N) 按钮，系统弹出"标注"的下拉菜单，在下拉菜单中选中"线性"按钮（见图 6-74）。

命令行的操作如下：

命令：_dimlinear	//选择"线性标注"可标注水平或垂直方向的尺寸
指定第一条尺寸界线原点或 <选择对象>：	//用鼠标点击圆管右角点并向下方移动
指定第二条尺寸界线原点：150	//在命令行中输入150,并按回车键
指定尺寸线位置或	
[多行文字(M)/文字(T)/角度(A)/水平(H)/垂直(V)/旋转(R)]：	//向右移动适当距离,单击鼠标左键即可完成垂直圆管的标准高度尺寸标注
标注文字 = 150	//所标注尺寸为150mm

用同样的方法完成水平圆管标准长度的尺寸标注（见图 6-75）。

2）用鼠标左键单击"修改"工具栏上的"移动"按钮 ，分别选中水平圆管和垂直圆管的断面投影线，单击相应位置断面线的端点移动和水平尺寸界线与垂直尺寸界线的端点进行捕捉并单击，完成两断面投影线的移动。

3）在"修改"工具栏中选取"修剪"按钮 或"打断"按钮 ，对所画视图上多余的线进行修剪，即完成主视图的绘制（见图 6-76）。

（9）画断面圆。步骤如下：

1）将"点划线"设置为当前图层。

2）用鼠标单击"绘图"工具栏的直线命令按钮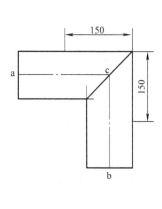。

图 6-74　选中"标注"菜单中的"线性"按钮　　　　图 6-75　弯管标准尺寸标注

命令行的操作如下：

命令：_line 指定第一点：	//单击垂直圆管中心线的下端点,并向下移动光标
指定下一点或［放弃(U)］：	//输入 118.42　（注意:这是根据所画圆直径大小,任意输入的数值),按下回车键,即完成垂直轴线的绘制

3）用鼠标左键单击"修改"工具栏上的"移动"按钮，选中所绘制的垂直轴线后按下回车键并向下拉适当距离。

4）用上述方法在"绘图区"任意位置绘制一水平轴线，然后用鼠标左键单击"修改"工具栏上的"移动"按钮，选中所绘制的水平轴线后按下回车键，单击水平轴线的中点，移动捕捉垂直轴线的中点按鼠标左键单击即可（见图 6-77）。

（10）将"粗实线"设置为当前图层。

（11）用鼠标左键单击"绘图"工具栏圆命令按钮，然后单击断面图轴线交点，在命令行输入 100 即完成断面圆的绘制（见图 6-78）。

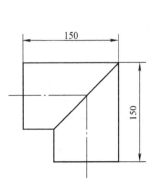

图 6-76 圆管直角弯头主视图

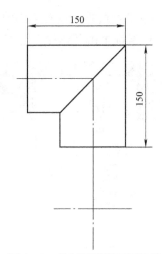

图 6-77 绘制圆管断面图轴线

命令行操作如下：

命令：_circle 指定圆的圆心或 [三点(3P)/两点(2P)/相切、相切、半径(T)]：
　　　　　　　　　　　　　　　//指定断面圆轴线的中点(即圆心)
指定圆的半径或 [直径(D)]：d　　//按照提示，输入直径 d，并按下回车键
指定圆的直径：100　　　　　　　//输入 100，按下回车键即完成断面圆的绘制

2. 求实长　根据已知条件可知，弯头的高 h 和断面直径 d 均反映实长。

3. 画下料图

（1）借助主视图，从立弯管的底端向右引出一条水平线，并在引出线上确定出和圆管弯头周长相等的一段线段，并将此线段进行 12 等分（注意：一定要和断面图上的等分数目相等，大家可以看到，在断面图上只是把圆周的一半进行了 6 等分，而另一半的 6 等分没有画出来，其实，是将整个圆周进行了 12 等分，为避免向主视图引垂线造成混乱，所以只留了一半），等分点为 4、5、6、…、2、3、4，过这些点分别向上引垂线。绘图步骤如下：

1）在绘图开始前，用鼠标左键单击"状态栏"上的"捕捉模式"按钮 ，使预先设置好的 极轴追踪 和 对象捕捉 处于打开状态。调出图 6-71 所示的"草图设置"对话框，并选中"端点""节点""交点"，然后单击 确定 按钮，即按绘图所需设置完成。

2）设置"点样式"。用鼠标左键单击"菜单栏"中的"格式"，在弹出的下拉菜单中单击"点样式"（见图 6-79），系统弹出"点样式"对话框（见图 6-80），在"点样式"对话框中选择 ✕，并将"点大小"设置为 2（见图 6-80），然后单击 确定 按钮，"点样式"设置完成。

主视图

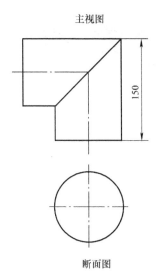

图 6-78　两节等径直角圆管弯头视图

图 6-79　设置"点样式"

3）计算圆管周长并在所引水平线上确定圆管周长展开长度。$\pi\phi = 3.14 \times 100 = 314mm$。用鼠标左键单击"菜单栏"上的 标注(N) 按钮，在弹出的下拉菜单中单击 线性(L) 按钮（见图 6-81）。有关在水平线上标注尺寸的步骤详见命令行操作步骤。所标注的尺寸图见图 6-82。

命令行操作步骤：

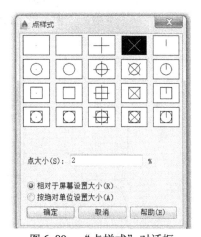

图 6-80　"点样式"对话框

命令：_dimlinear
指定第一条尺寸界线原点或 <选择对象>：　　//选中所画水平直线和垂直线的交点作为第
　　　　　　　　　　　　　　　　　　　　　　一条尺寸界线原点，并将光标水平向右移动
　　　　　　　　　　　　　　　　　　　　　　一段距离
指定第二条尺寸界线原点：314　　　　　　　//在命令行中输入314，按下回车键并移动适当
　　　　　　　　　　　　　　　　　　　　　　距离，然后单击鼠标左键，即完成尺寸标注

图6-81 选择尺寸标注类型

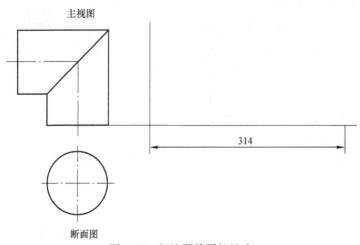

图6-82 标注圆管周长尺寸

标注结果见图6-82。

4) 将圆管断面图和周长展开线段分别进行12等分,并标注序号。步骤如下:

① 用鼠标左键单击"菜单栏"中的 绘图(D) 按钮,在弹出的下拉菜单中选择"点",再在弹出的菜单中单击 定数等分(D) 按钮(见图6-83)。

② 首先用鼠标单击断面圆,即选择了断面圆,然后在命令行中输入12,并

按下回车键，即完成对断面圆的等分（见图6-84）。

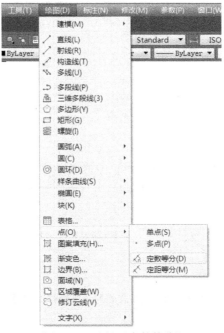

图 6-83 选择"定数等分"

命令行操作步骤如下：

输入线段数目或［块(B)］：12	//在命令行输入12，并按下回车键，即完成对断面圆的等分

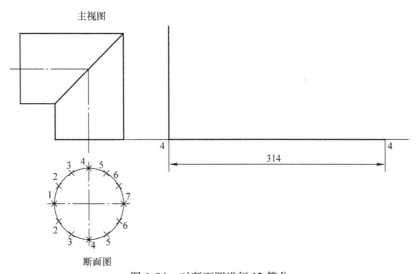

图 6-84 对断面圆进行 12 等分

③ 在图 6-84 所示的水平引出线上画一线段，长度等于 314。起点从左边的 4 端点画到右边的 4 端点，并对该线段进行 12 等分，等分方法同上（见图 6-85）。

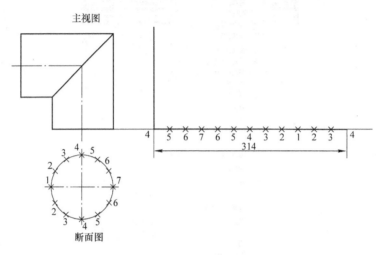

图 6-85　对 4—4 之间的线段进行 12 等分

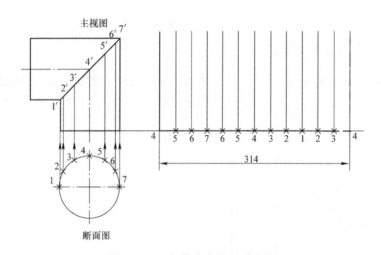

图 6-86　过各等分点向上引垂线

④ 过断面图上的各等分点向上引垂线。方法是：用鼠标单击"绘图"工具栏中的"直线"按钮 ，用鼠标左键单击"状态栏"上的"捕捉模式"按钮 ，使预先设置好的 极轴追踪 和 对象捕捉 处于打开状态，分别过各等分点（节点）向上引垂线，分别和主视图上相交于结合线处，交点分别为 1′、2′、3′、4′、5′、6′、7′（见图 6-86）。用同样的方法完成水平等分线段上的垂直线段的

绘制（见图 6-86）。

也可以用"复制"的方法完成水平等分线段 4—4 的各垂直等分线段的绘制。方法是：首先在线段 4—4 的一端 4 点处（左和右的 4 点处都可以）画一适当长度垂线，然后到"修改"工具栏中单击"复制"按钮，选中所画垂线段（见图 6-87），按下回车键后单击 4 点处，然后在线段 4—4 上捕捉各等分点单击即可（见图 6-86、图 6-88）。

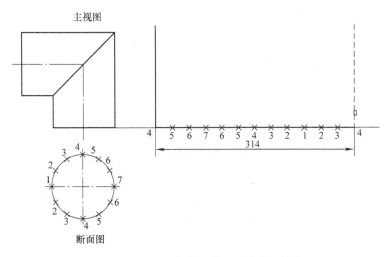

图 6-87　单击"复制"按钮后选中垂线段

（2）过主视图的 1′、2′、…、7′点分别向右引平行线，与下料图中向上所引垂线相交，得交点。

注意：所引平行线与下料图所引垂线相交的原则是，"点对点，线对线"。比如：从主视图上的 2′点向右所引的平行线与下料图上过 2 点向上所引的垂线相交得交点；可以看出，在下料图上有两个 2 点，那就和这两个 2 点所引的垂线相交得两个交点。绘图方法如下：

1）用鼠标左键单击"状态栏"上的"捕捉模式"按钮，使预先设置好的 极轴追踪 和 对象捕捉 处于打开状态，并将"对象捕捉模式"设置为"端点"和"交点"模式（见图 6-89）。

2）用鼠标左键单击"绘图"工具栏的 按钮，然后分别单击主视图上的 1′、2′、…、7′点并分别向右引平行线，与下料图中向上所引垂线相交，得交点（见图 6-90）。

3）为更清晰地看见所确定的各个点，将从主视图所引的平行线擦掉；方法是：

单击"修改"工具栏中的"删除"按钮，选中所要删除的图线（见图

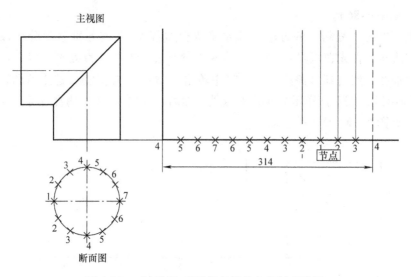

图6-88 "复制"后捕捉各等分点绘制垂线段

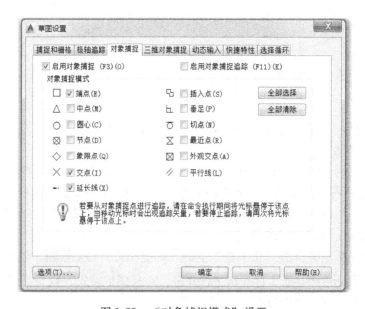

图6-89 "对象捕捉模式"设置

6-91），按下回车键即可（见图6-92）。

4）用平滑的曲线连接各点，并去除多余的图线，即完成所求（见图6-94）。方法是：

①单击"绘图"工具栏中的"样条曲线"按钮 ⚬，并打开"草图设置"对话框，将"对象捕捉模式"设置为"节点"模式（见图6-93）。

②　用鼠标左键单击各点即完成各点的连接（见图6-94）。

③　在"修改"工具栏中单击"打断"按钮■，对所画视图上多余的线进行修剪（见图6-94），即完成下料图的绘制。

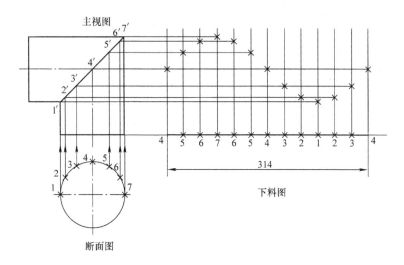

图　6-90

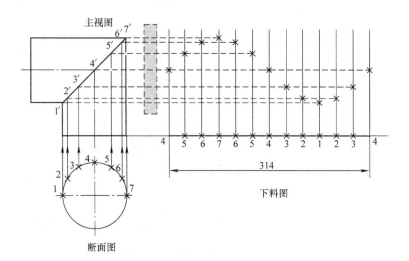

图　6-91

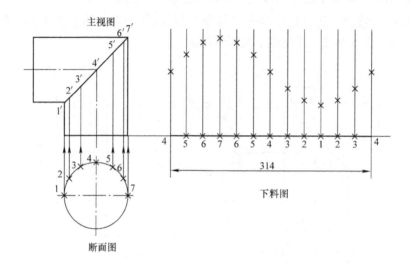

图　6-92

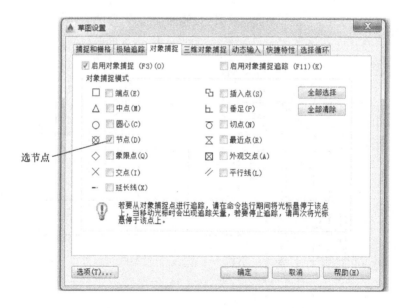

图　6-93　"对象捕捉模式"设置

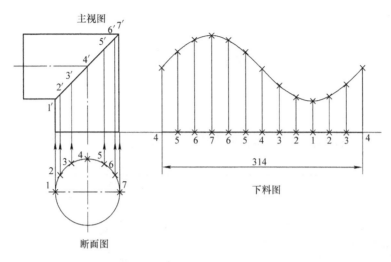

图　6-94

以上是用 AutoCAD 画下料图的应用，请读者灵活运用 AutoCAD 中的各种绘图工具，完成下料图的绘制。

附 录

附录A 各种几何图形面积的计算

名称和图形	面积	名称和图形	面积
等边三角形	$F = 0.433a^2$ 或 $F = 0.578h^2$ 式中 $h = 0.866a$	菱形	$F = \dfrac{1}{2}Dd$ $a = \dfrac{1}{2}\sqrt{D^2 + d^2}$
直角三角形	$F = \dfrac{1}{2}ab$ $c = \sqrt{a^2 + b^2}$ $h = \dfrac{ab}{c}$	正方形	$F = a^2$ 或 $F = \dfrac{1}{2}d^2$ $(d = 1.414a)$
平行四边形和矩形	$F = bh$	梯形	$F = \dfrac{a+b}{2}h$ 或 $F = mh$ $\left(m = \dfrac{a+b}{2}\right)$
正多边形	$F = n\dfrac{aK}{2}$ a—边长 K—弦距 n—边数 圆心角 $\alpha = \dfrac{360°}{n}$ 内角 $\beta = 180° - \dfrac{360°}{n}$	椭圆	$F = \pi ad$

（续）

名称和图形	面积	名称和图形	面积
圆	$F = \pi r^2$ 圆周长 $C = \pi d$	圆环	$F = \dfrac{\pi}{4}\ (D^2 - d^2)$
扇形	$F = \dfrac{\pi r^2 \alpha}{360°}$	圆弓形	$F = \dfrac{lr - c\ (l - h)}{2}$ $l = \dfrac{\pi r \alpha}{180°}$
抛物线	$F = \dfrac{2}{3} bh$		

附录 B　各种几何体表面积的计算

名称和图形	表面积	名称和图形	表面积
圆柱体	侧表面 $M = 2\pi rh = \pi dh$	正方体	表面 $S = 6a^2$
长方体	表面 $S = 2\ (ah + bh + ab)$	球	表面 $S = 4\pi r^2 = \pi d^2$

（续）

名称和图形	表面积	名称和图形	表面积
棱锥体	表面 $S =$ 各三角形面积 总和 $+$ 底面积	棱锥台	表面 $S =$ 各梯形面积总和 $+$ 顶面积 $+$ 底面积
圆锥体	侧表面 $M = \pi r L = \pi r \sqrt{r^2 + h^2}$	圆锥台	侧表面 $M = \pi L\ (r + r_1)$

附录 C　热轧等边角钢的规格

（摘自 GB/T 706—2008）

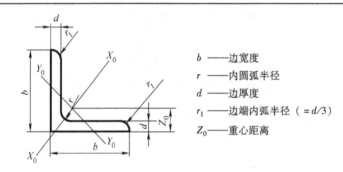

b ——边宽度

r ——内圆弧半径

d ——边厚度

r_1 ——边端内弧半径（ $= d/3$ ）

Z_0 ——重心距离

型号	尺寸/mm			截面面积 /cm²	理论质量 /(kg/m)	外表面积 /(m²/m)	Z_0 /cm
	b	d	r				
2	20	3	3. 5	1. 132	0. 889	0. 078	0. 60
		4		1. 459	1. 145	0. 077	0. 64
2. 5	25	3		1. 432	1. 124	0. 098	0. 73
		4		1. 859	1. 459	0. 097	0. 76

（续）

型号	尺寸/mm			截面面积 /cm²	理论质量 /(kg/m)	外表面积 /(m²/m)	Z_0 /cm
	b	d	r				
3.0	30	3		1.749	1.373	0.117	0.85
		4		2.276	1.786	0.117	0.89
3.6	36	3	4.5	2.109	1.656	0.141	1.00
		4		2.756	2.163	0.141	1.04
		5		3.382	2.654	0.141	1.07
4	40	3	5	2.359	1.852	0.157	1.09
		4		3.086	2.422	0.157	1.13
		5		3.791	3.976	0.156	1.17
4.5	45	3	5	2.659	2.088	0.177	1.22
		4		3.486	2.736	0.177	1.26
		5		4.292	3.369	0.176	1.30
		6		5.076	3.985	0.176	1.33
5	50	3	5.5	2.971	2.332	0.197	1.34
		4		3.897	3.059	0.197	1.38
		5		4.803	3.770	0.196	1.42
		6		5.688	4.465	0.196	1.46
5.6	56	3	6	3.343	2.264	0.221	1.48
		4		4.390	3.446	0.220	1.53
		5		5.415	4.251	0.220	1.57
		6		8.367	6.568	0.219	1.68
6.3	63	4	7	4.978	3.907	0.248	1.70
		5		6.143	4.822	0.248	1.74
		6		7.288	5.721	0.247	1.78
		8		9.515	7.469	0.247	1.85
		10		11.657	9.151	0.246	1.92
7	70	4	8	5.570	4.372	0.275	1.86
		5		6.875	5.397	0.275	1.91
		6		8.160	6.406	0.275	1.95
		7		9.424	7.398	0.275	1.99
		8		10.667	8.373	0.274	2.03
7.5	75	5	9	7.367	5.818	0.295	2.04
		6		8.797	6.905	0.294	2.06
		7		10.160	7.976	0.294	2.11
		8		11.503	9.030	0.294	2.15
		10		14.126	11.089	0.293	2.22

（续）

型号	尺寸/mm			截面面积 /cm²	理论质量 /(kg/m)	外表面积 /(m²/m)	Z_0 /cm
	b	d	r				
8	80	5		7.912	6.211	0.315	2.15
		6		9.397	7.376	0.314	2.19
		7		10.860	8.525	0.314	2.23
		8		12.303	9.658	0.314	2.27
		10		15.126	11.874	0.313	2.35
9	90	6	10	10.637	8.350	0.354	2.44
		7		12.301	9.656	0.354	2.48
		8		13.944	10.946	0.353	2.52
		10		17.167	13.476	0.353	2.59
		12		20.306	15.940	0.352	2.67
10	100	6	12	11.932	9.366	0.393	2.67
		7		13.796	10.830	0.393	2.71
		8		15.638	12.276	0.393	2.76
		10		19.261	15.120	0.392	2.84
		12		22.800	17.898	0.391	2.91
		14		26.256	20.611	0.391	2.99
		16		29.627	23.257	0.390	3.06
11	110	7	12	15.196	11.928	0.433	2.96
		8		17.238	13.532	0.433	3.01
		10		21.261	16.690	0.432	3.09
		12		25.200	19.782	0.431	3.16
		14		29.056	22.809	0.431	3.24
12.5	125	8	14	19.750	15.504	0.492	3.37
		10		24.737	19.133	0.491	3.45
		12		28.912	22.696	0.491	3.53
		14		33.367	26.193	0.490	3.61
14	140	10		27.373	21.488	0.551	3.82
		12		32.512	25.522	0.551	3.90
		14		37.567	29.490	0.550	3.98
		16		42.539	33.393	0.549	4.06

（续）

型号	尺寸/mm			截面面积	理论质量	外表面积	Z_0
	b	d	r	$/cm^2$	$/(kg/m)$	$/(m^2/m)$	$/cm$
16	160	10		31.502	24.729	0.630	4.31
		12		37.441	29.391	0.630	4.39
		14		43.296	33.987	0.629	4.47
		16	16	49.067	38.518	0.629	4.55
18	180	12		42.241	33.159	0.701	4.89
		14		48.896	38.383	0.709	4.97
		16		55.467	43.542	0.709	5.05
		18		61.955	48.634	0.708	5.13
20	200	14		54.642	42.894	0.788	5.46
		16		62.013	48.680	0.788	5.54
		18	18	69.301	54.401	0.787	5.62
		20		76.505	60.056	0.787	5.69
		24		90.661	71.168	0.785	5.87

附录 D　热轧不等边角钢的规格

（摘自 GB/T 706—2008）

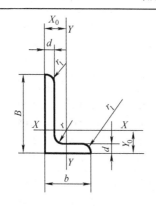

B ——长边宽度

b ——短边宽度

X_0 ——长边重心距离

r ——内圆弧半径

d ——边厚度

r_1 ——边端内弧半径（ $= d/3$ ）

Y_0 ——短边重心距离

型号	尺寸/mm				截面面积	外表面积	理论质量	Y_0	X_0
	B	b	d	r	$/cm^2$	$/(m^2/m)$	$/(kg/m)$	$/cm$	$/cm$
2.5/1.6	25	16	3		1.162	0.080	0.912	0.86	0.42
			4	3.5	1.499	0.079	1.176	0.90	0.46
3.2/2	32	20	3		1.492	0.102	1.171	1.08	0.49
			4		1.939	0.101	1.522	1.12	0.53

（续）

型号	尺寸/mm				截面面积 /cm²	外表面积 /(m²/m)	理论质量 /(kg/m)	Y_0 /cm	X_0 /cm
	B	b	d	r					
4/2.5	40	25	3	4	1.890	0.127	1.484	1.32	0.59
			4		2.467	0.127	1.936	1.37	0.63
4.5/2.8	45	28	3	5	2.149	0.143	1.678	1.47	0.64
			4		2.806	0.143	2.203	1.51	0.68
5/3.2	50	32	3	5.5	2.431	0.161	1.908	1.60	0.73
			4		3.177	0.161	2.494	1.65	0.77
5.6/3.6	56	36	3	6	2.743	0.181	2.153	1.78	0.80
			4		3.590	0.180	2.818	1.82	0.85
			5		4.415	0.180	3.466	1.87	0.88
6.3/4	63	40	4	7	4.058	0.202	3.185	2.04	0.92
			5		4.993	0.202	3.920	2.08	0.95
			6		5.908	0.201	4.638	2.12	0.99
			7		6.802	0.201	5.339	2.15	1.03
7/4.5	70	45	4	7.5	4.547	0.226	3.570	2.24	1.02
			5		5.609	0.225	4.403	2.28	1.06
			6		6.647	0.225	5.218	2.32	1.09
			7		7.657	0.225	6.011	2.36	1.13
7.5/5	75	50	5	8	6.125	0.245	4.808	2.40	1.17
			6		7.260	0.245	4.699	2.44	1.21
			8		9.467	0.244	7.431	2.52	1.29
			10		11.590	0.244	9.098	2.60	1.36
8/5	80	50	5	8	6.375	0.255	5.005	2.60	1.14
			6		7.560	0.255	5.935	2.65	1.18
			7		8.724	0.255	6.848	2.69	1.21
			8		9.867	0.254	7.745	2.73	1.25
9/5.6	90	56	5	9	7.212	0.287	5.661	2.91	1.25
			6		8.557	0.286	6.717	2.95	1.29
			7		9.880	0.286	7.756	3.00	1.33
			8		11.183	0.286	8.779	3.04	1.36
10/6.3	100	63	6	9	9.617	0.320	7.550	3.24	1.43
			7		11.111	0.320	8.722	3.28	1.47
			8		12.584	0.319	9.878	3.32	1.50
			10		15.467	0.319	12.142	3.40	1.58

（续）

型号	尺寸/mm				截面面积 /cm²	外表面积 /(m²/m)	理论质量 /(kg/m)	Y_0 /cm	X_0 /cm
	B	b	d	r					
10/8	100	80	6	10	10.637	0.354	8.350	2.95	1.97
			7		12.301	0.354	9.656	3.00	2.01
			8		13.944	0.353	10.946	3.04	2.05
			10		17.167	0.353	13.476	3.12	2.13
11/7	110	70	6		10.637	0.354	8.350	3.53	1.57
			7		12.301	0.354	9.656	3.57	1.61
			8		13.944	0.353	10.946	3.62	1.65
			10		17.167	0.353	13.476	3.70	1.72
12.5/8	125	80	7	11	14.096	0.403	11.066	4.01	1.80
			8		15.989	0.403	12.551	4.06	1.84
			10		19.712	0.402	15.474	4.14	1.92
			12		23.351	0.402	18.330	4.22	2.00
14/9	140	90	8	12	18.038	0.453	14.160	4.50	2.04
			10		22.261	0.452	17.475	4.58	2.12
			12		26.400	0.451	20.724	4.66	2.19
			14		30.456	0.451	23.908	4.74	2.27
16/10	160	100	10	13	25.315	0.512	19.872	5.24	2.28
			12		30.054	0.511	23.592	5.32	2.36
			14		34.709	0.510	27.247	5.40	2.43
			16		39.281	0.510	30.335	5.48	2.51
18/11	180	110	10	14	28.373	0.571	22.273	5.89	2.77
			12		33.712	0.571	26.464	5.98	2.52
			14		38.967	0.570	30.589	6.06	2.59
			16		44.139	0.569	34.649	6.14	2.67
20/12.5	200	125	12		37.912	0.641	29.761	6.54	2.83
			14		43.867	0.640	34.436	6.62	2.91
			16		49.739	0.639	39.045	6.70	2.99
			18		55.526	0.639	43.588	6.78	3.06

附录E 热轧普通槽钢的规格

(摘自 GB/T 706—2008)

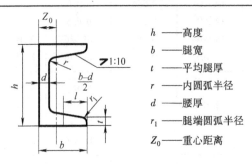

h ——高度

b ——腿宽

t ——平均腿厚

r ——内圆弧半径

d ——腰厚

r_1 ——腿端圆弧半径

Z_0 ——重心距离

型号	尺寸/mm						截面面积 /cm²	理论质量 /(kg/m)	Z_0 /cm
	h	b	d	t	r	r_1			
5	50	37	4.5	7.0	7.0	3.50	6.93	5.44	1.35
6.3	63	40	4.8	7.5	7.5	3.75	8.44	6.63	1.36
8	80	43	5.0	8.0	8.0	4.0	10.24	8.04	1.43
10	100	48	5.3	8.5	8.5	4.25	12.74	10.00	1.52
12.6	126	53	5.5	9.0	9.0	4.5	15.69	12.37	1.59
14a	140	58	6.0	9.5	9.5	4.75	18.51	14.53	1.71
14b	140	60	8.0	9.5	9.5	4.75	21.31	16.73	1.67
16a	160	63	6.5	10.0	10.0	5.0	21.95	17.23	1.80
16	160	65	8.5	10.0	10.0	5.0	25.15	19.74	1.75
18a	180	68	7.0	10.5	10.5	5.25	25.69	20.17	1.88
18	180	70	9.0	10.5	10.5	5.25	29.29	22.99	1.84
20a	200	73	7.0	11.0	11.0	5.5	28.83	22.63	2.01
20	200	75	9.0	11.0	11.0	5.5	32.83	25.77	1.95
22a	220	77	7.0	11.5	11.5	5.75	31.84	24.99	2.01
22	220	79	9.0	11.5	11.5	5.75	36.24	28.45	2.03
24a	240	78	7.0	12.0	12.0	6.0	34.21	26.55	2.10
24b	240	80	9.0	12.0	12.0	6.0	39.00	30.62	2.03
24c	240	82	11.0	12.0	12.0	6.0	43.81	34.39	2.00
25a	250	78	7.0	12.0	12.0	6.0	34.91	27.47	2.065

（续）

型号	尺寸/mm						截面面积 /cm²	理论质量 /(kg/m)	Z_0 /cm
	h	b	d	t	r	r_1			
25b	250	80	9.0	12.0	12.0	6.0	39.91	31.39	1.98
25c	250	82	11.0	12.0	12.0	6.0	44.91	35.32	1.92
28a	280	82	7.5	12.5	12.5	6.25	40.02	31.42	2.10
28b	280	84	9.5	12.5	12.5	6.25	45.02	35.81	2.02
28c	280	86	11.5	12.5	12.5	6.25	51.22	40.21	1.95
32a	320	88	8.0	14	14	7	48.7	38.22	2.24
32b	320	90	10	14	14	7	55.1	43.25	2.16
32c	320	92	12	14	14	7	61.5	48.28	2.09
36a	360	96	9	16	16	8	60.89	47.80	2.44
36b	360	98	11	16	16	8	68.09	53.45	2.37
36c	360	100	13	16	16	8	75.29	59.10	2.34
40a	400	100	10.5	18	18	9	75.05	58.91	2.49
40b	400	102	12.5	18	18	9	83.05	65.19	2.44
40c	400	104	14.5	18	18	9	91.05	71.47	2.42

参 考 文 献

[1] 同济大学，上海交通大学编写组．机械制图 [M]．5 版．北京：高等教育出版社，2004．

[2] 梁绍华．钣金工放样技术基础 [M]．北京：机械工业出版社，2006．

[3] 王景良．钣金展开入门及提高 [M]．2 版．北京：冶金工业出版社，2006．

[4] 王幼龙．机械制图 [M]．2 版．北京：高等教育出版社，2005．

[5] 杨玉杰．钣金入门捷径 [M]．北京：机械工业出版社，2006．

[6] 唐顺钦，唐忠库．钣金工看图下料入门 [M]．2 版．北京：冶金工业出版社，1990．

[7] 王爱珍．钣金加工技术 [M]．北京：机械工业出版社，2008．

[8] 王爱珍．钣金放样技术 [M]．北京：机械工业出版社，2008．

[9] 高忠民，金风柱．电焊工入门与技巧 [M]．北京：金盾出版社，2005．

[10] 劳动和社会保障部教材办公室．计算机制图—AutoCAD．北京：中国劳动社会保障出版社，2012．

[11] 张玉兰．AutoCAD 2014 从入门到精通．北京：清华大学出版社，2014．